新形态 材料科学与工程系列教材

超硬材料合成与加工

贾洪声 鄂元龙 张勇 刘惠莲 编著

清华大学出版社
北京

内 容 简 介

本书为国家级一流本科生课程、吉林省“创新创业教育示范课程”配套教材，对当今较为先进的高压物理领域的超硬材料及其工具加工等方面进行讲解，并结合线上线下实例进行演练，突出针对性和实用性。共计6章，涉及的内容包括超硬材料的高温高压合成，超高压物理虚拟仿真实验，超硬材料的平面加工、切割加工、焊接加工、圆弧加工等。

本书可作为高校理工科专业学生开展实验实训的教材或参考书。

图书在版编目(CIP)数据

超硬材料合成与加工/贾洪声等编著. —北京：清华大学出版社，2024.3
新形态·材料科学与工程系列教材
ISBN 978-7-302-65572-5

Ⅰ. ①超… Ⅱ. ①贾… Ⅲ. ①超硬材料－合成材料－高等学校－教材 ②超硬材料－加工－高等学校－教材 Ⅳ. ①TB39

中国国家版本馆CIP数据核字(2024)第044776号

责任编辑：鲁永芳
封面设计：常雪影
责任校对：薄军霞
责任印制：丛怀宇

出版发行：清华大学出版社
网 址：https://www.tup.com.cn，https://www.wqxuetang.com
地 址：北京清华大学学研大厦A座 邮 编：100084
社 总 机：010-83470000 邮 购：010-62786544
投稿与读者服务：010-62776969，c-service@tup.tsinghua.edu.cn
质量反馈：010-62772015，zhiliang@tup.tsinghua.edu.cn
印 装 者：三河市科茂嘉荣印务有限公司
经 销：全国新华书店
开 本：170mm×240mm 印 张：9.5 字 数：186千字
版 次：2024年3月第1版 印 次：2024年3月第1次印刷
定 价：39.00元

产品编号：102371-01

前言

本书是为高校理工科包括师范专业学生开展工程、科研训练而编写的，主要涉及高压物理领域超硬材料合成与加工实验（线上虚拟仿真实验与线下实验实践相结合）。目的是让学生了解并掌握高压合成方向的前沿知识及相关技术，包括高压合成和机械加工设备的构造、原理、基本操作方法和安全操作规范等。旨在拓展学生的创新思维和学习视野，提升工程素养，进而培养学生分析与解决问题的实践能力，做到理论学习和实践操作相结合，最终使学生具备超高压材料合成及其相关机械加工基本的从业能力，可作为高校理工科专业学生开展实验实训的教材或参考书。

本书作为国家级一流本科生课程、吉林省“创新创业教育示范课程”配套教材，对当今较为先进的高压物理领域的超硬材料及其工具加工等方面进行讲解，并结合线上线下实例进行演练，突出针对性和实用性。全书由两大部分组成，共计 6 章，涉及的内容包括超硬材料的高温高压合成，超高压物理虚拟仿真实验，超硬材料的平面加工、切割加工、焊接加工、圆弧加工等。

本书以提高学生实践能力为目标，坚持立德树人根本任务，使学生体验理论学习及实践全过程的喜悦，塑造积极向上的健康品格和情怀。在内容结构方面，不仅加入了关键技术知识点视频讲解，还依托现代化信息技术，通过超高压物理实验技术虚拟仿真实验，全景展现高压物理科学在社会生产实践中的应用，拓展实验教学内容、延伸实验教学时间和空间，提升实验教育教学的质量和效果。

本书由吉林师范大学物理学院贾洪声教授担任主编。参加本书编写的有鄂元龙、张勇和刘惠莲等一线实践课程授课教师，各章节内容环环相扣，读者可通篇了解超硬材料从合成到加工的整个过程，亦可针对部分内容选择性阅读。

本书的编写得到了大学及学院领导的大力支持和帮助，获得了吉林师范大学教材出版资金的资助，在此表示衷心感谢！同时，感谢刘岩和张坤对本书编写所提供的技术支持！感谢邓健男、李思琪、杨晨对本书的插图绘制和校稿工作做出的贡献！

由于时间仓促，编者水平有限，书中难免出现错误和疏漏之处，敬请读者批评指正！

全书彩图请扫二维码观看。

全书彩图

编者

2023 年 11 月

目录

第一部分　超硬材料的合成

第1章　超硬材料的高温高压合成 …… 3

1.1　概述 …… 3
1.2　高压合成设备——金刚石液压机 …… 5
1.2.1　金刚石液压机的结构 …… 5
1.2.2　金刚石液压机的工作原理 …… 8
1.2.3　常用触媒和黏结剂 …… 9
1.2.4　叶蜡石块的结构和组装 …… 12
1.2.5　金刚石液压机实验参数设置 …… 15
1.2.6　金刚石液压机高压合成过程 …… 19
1.3　注意事项 …… 21
1.4　思考题 …… 21

第2章　超高压物理虚拟仿真实验 …… 22

2.1　概述 …… 22
2.2　超高压物理虚拟仿真实验 …… 23
2.2.1　超高压物理虚拟仿真实验场景 …… 23
2.2.2　超硬材料超高压合成虚拟仿真实验 …… 25
2.2.3　超硬材料测试虚拟仿真实验 …… 31
2.3　注意事项 …… 36
2.4　思考题 …… 37

第二部分　超硬材料刀具的加工

第3章　超硬材料的平面加工 …… 41

3.1　概述 …… 41
3.1.1　磨削加工的方法分类 …… 41
3.1.2　砂轮 …… 42
3.2　平面加工设备——卧轴矩台平面磨床 …… 46

3.2.1 平面磨床结构 …… 46
3.2.2 平面磨床原理 …… 48
3.2.3 平面磨床控制面板 …… 48
3.2.4 平面磨床电动装置 …… 49
3.2.5 平面磨削加工过程 …… 51
3.3 注意事项 …… 53
3.4 思考题 …… 54

第4章 超硬材料的切割加工 …… 55

4.1 概述 …… 55
4.2 切割加工设备——电火花线切割机 …… 57
4.2.1 电火花线切割机结构 …… 58
4.2.2 电火花线切割机原理 …… 58
4.2.3 3B代码编程 …… 59
4.2.4 电火花线切割机操作系统 …… 63
4.2.5 电火花线切割机控制台 …… 65
4.2.6 电火花线切割机操作流程 …… 76
4.3 切割加工设备——激光切割机 …… 78
4.3.1 激光切割机结构 …… 79
4.3.2 激光切割机原理 …… 80
4.3.3 激光切割机控制面板 …… 81
4.3.4 软件主要操作功能区 …… 83
4.3.5 激光切割机操作流程 …… 99
4.4 注意事项 …… 104
4.4.1 电火花线切割机 …… 104
4.4.2 激光切割机 …… 105
4.5 思考题 …… 105

第5章 工具的焊接加工 …… 106

5.1 概述 …… 106
5.2 焊接加工设备——高真空焊接机 …… 108
5.2.1 高真空焊接机结构 …… 108
5.2.2 高真空焊接机原理 …… 109
5.2.3 复合真空计 …… 110
5.2.4 高真空焊接机操作面板 …… 113
5.2.5 机组操作过程 …… 117

5.2.6 高真空焊接机焊接过程 …… 118
5.3 焊接加工设备——高频焊接机 …… 119
5.3.1 高频焊接机结构 …… 119
5.3.2 高频焊接机原理 …… 120
5.3.3 高频焊接机自控面板 …… 121
5.3.4 面板“手动”和“自动”工作状态选择 …… 124
5.3.5 高频焊接机焊接过程 …… 125
5.4 注意事项 …… 127
5.4.1 高真空焊接机 …… 127
5.4.2 高频焊接机 …… 128
5.5 思考题 …… 128

第6章 刀具的圆弧加工 …… 129

6.1 概述 …… 129
6.2 圆弧加工设备——专用工具磨床 …… 130
6.2.1 专用工具磨床结构 …… 131
6.2.2 专用工具磨床原理 …… 132
6.2.3 专用工具磨床操作面板 …… 133
6.2.4 专用工具磨床对刀 …… 134
6.2.5 专用工具磨床刀尖圆弧加工过程 …… 136
6.3 注意事项 …… 139
6.4 思考题 …… 140

参考文献 …… 141

第一部分

超硬材料的合成

第1章 超硬材料的高温高压合成

1.1 概述

超硬材料的标准至今没有精准严格的界定，通常我们把金刚石和硬度接近金刚石的材料都统称为超硬材料，即以金刚石和立方氮化硼为代表的具有超高硬度的物质的总称。金刚石是目前已知的世界上最硬的物质，其维氏硬度高达 98GPa 以上，比石英高 1000 倍，是刚玉的 150 倍左右。立方氮化硼的硬度仅次于金刚石，其烧结体的维氏硬度约为 30～50GPa，单晶立方氮化硼的硬度更是高达 80～90GPa，这两种超硬材料的硬度都远高于陶瓷或合金材料，包括磨具材料刚玉、碳化硅以及硬质合金（WC-Co）、高速钢等硬质工具材料。因此，超硬材料主要应用于超硬材料刀具和超硬材料磨具等，尤其是在加工硬质材料方面，具有无可比拟的优越性，占有不可替代的重要地位。正因如此，超硬材料在工业上获得了广泛应用，包括地质探矿、石材加工、矿山开采、电子信息、玉石加工、汽车工业和金属加工等领域。除此之外，超硬材料在电学、光学和热学等方面也具有一些特殊性能，是一种重要的功能材料。超硬材料的应用领域越来越广，引起了人们的高度关注，其用途也在不断地研究和开发，具有良好的发展前景。

目前国内外大多超硬材料产品如人造金刚石、立方氮化硼整体片和复合片都是在超高压环境下合成的。如工业用金刚石就是以石墨为碳源，采用高温高压法经触媒材料的催化制备而成。在一定的合成体系下，金刚石的生长完全取决于压力、温度及其在高压合成腔中的分布。产生高压的压力源装置主要有三类，分别是年轮式（Belt 型）两面砧超高压装置、凹模两面砧超高压装置和多面砧超高压装置。而合成金刚石所需的温度则是由电流通过反应物直接加热或石墨发热体间接加热获得的。

20 世纪 90 年代，国际金刚石行业以超高压技术为背景形成了三足鼎立的局面，即英国 De Beers 公司与美国 GE 公司等使用年轮式两面顶超高压技术与装置、苏联使用的凹模两面顶超高压技术与装置和我国自主研发的具有自主知识产权的六面顶超高压技术和装置。

年轮式两面顶超高压装置是当今西方工业发达国家应用最为广泛的超硬材料

制品生产专用设备，由上下油缸中的活塞推动两个硬质合金顶锤向柱状叶蜡石反应腔体施加压力，柱状叶蜡石置于硬质合金高压缸中，高压缸由特殊钢制年轮模具加强。这样横向变形受到限制，在水平方向产生超硬材料合成所需的压力。两面顶超高压技术最大的优势在于有利于反应腔体大型化，这也是该技术在过去半个世纪得以快速发展的原因之一。目前 De Beers 公司设计的高压缸重达 400kg，压缸直径达 250mm，可以制备出最大直径 112mm 的聚晶金刚石复合片，金刚石单次产量可达 2000 克拉以上。美国、英国等发达国家采用的大型两面顶设备、年轮式超高压模具和超硬材料合成技术，都达到了非常高的水平。两面顶大型化提高了超硬材料的生产效率，两面顶配备了先进的计算机控制系统，提高了合成压力和温度的控制精度，可保证长时间合成周期内合成腔体的温度、压力不变，因此利用两面顶可生长出重达 43 克拉的宝石级单晶金刚石。

俄罗斯合成金刚石、立方氮化硼等超硬材料也采用两面顶超高压装置作为压力源，但利用凹砧模具建立压力，最常见的机型为 6.3MN 和 25MN 多工位金刚石压机。其特点是多工位转盘可自动化操作，生产效率很高，但合成单次产量较低，脆性金刚石较多，高品质金刚石所占比例不大。这种压机主要生产中、低品级产品，因此这种技术在国内超硬材料行业未能受到普遍的关注。

我国超硬材料工业生产普遍采用的是铰链式六面顶超高压设备。六面顶超高压设备是由轴线相互垂直的六个活塞推动六个硬质合金顶锤向立方体叶蜡石反应腔体施加压力，直接在六个面上建立起合成超硬材料所需的静压力。由于国外两面顶超高压装置反应腔体大，合成周期长，压力源同步性好，高品质超硬材料制品产量较高且质量稳定，抗冲击韧性和热稳定性都很高，因此即使在我国六面顶超高压技术发展欣欣向荣的今天，仍然有不少学者认为应该大力提倡发展两面顶超高压技术，而六面顶超高压技术为多压源，相对两面顶超高压技术同步性较差，技术含量低，只能生产中低档产品，这种观点无疑对我国六面顶超高压技术和超硬材料的发展产生一定程度的影响。

虽然国外两面顶超高压技术已经相当成熟，但其也存在固有缺陷，使其在合成工艺要求与控制、生产成本等方面较六面顶超高压技术表现出明显的劣势，主要体现在以下几个方面。①利用两面顶超高压装置合成高品质超硬材料制品不仅要求其压力和温度控制精度高，而且要求高压腔压力密封传压元件质量稳定且有极高的重复性。苛刻的合成工艺技术要求是两面顶超高压装置的一个严重缺陷。②两面顶超高压装置的技术关键在于其年轮模具，合成材料所需的同步性、对中性和稳定性均由年轮模具来解决，因而模具形状复杂，制造精度要求高，造价极为昂贵。③硬质合金压缸作为年轮模具的核心部件，单个质量大，如 100MN 的两面顶超高压装置所配备的压缸单个质量在 300kg 以上。如此大的部件，对其制造质量稳定性要求十分严格，即使不出现“放炮”或裂缸现象，压缸的寿命也要受到高压模具塑性形变的限制，寿命短且造价昂贵，将直接增加超硬材料的合成成本。由此可见，两面顶超高压技术难度大、工艺要求高、生产成本高，这就注定了它的发展将受到限制，不会如同六面顶超高压技术那样普及。也正因为如此，六面顶超高压技术的发展才使得我国人造金刚石占据世界人造金刚石中低档产品的大部分市场。随着现代加工技术的进步和控制系统的高速发展，六面顶装置的设计加工精度越来越高，造价越来越低，使用性能越来越好，保证了我国超硬材料制品质量得到不断提升，并正在逐步占领中高档产品的市场。

1.2　高压合成设备——金刚石液压机

本章所介绍的超硬材料合成设备为铰链式 6×14000kN 六面顶人造金刚石液压机(CS-IV 型)，也称为国产六面顶液压机，是我国自主研发并具有自主知识产权的超高压设备。其运行温度可达 1500℃以上，压强可达 5～6GPa。金刚石液压机主要用来合成人造金刚石、立方氮化硼单晶、聚晶及其复合片等超硬材料，也可进行其他粉体和块体材料的高压制备和改性工作。

金刚石液压机由六组工作缸体组成，每组工作缸体对应一个顶锤，六个锤面形成一个近似正六面体结构的高压腔体，并且每相邻两组工作缸体之间用铰链梁进行连接，因此也称为多压源铰链式国产六面顶液压机，如图 1-1 所示。该设备具有结构紧凑、操作灵活、造价低廉、维护简单和经济效益高等优点，其高性价比非常符合我国国情。经过近几十年来的提高和积累，金刚石液压机合成技术已成为我国独具一格的技术。

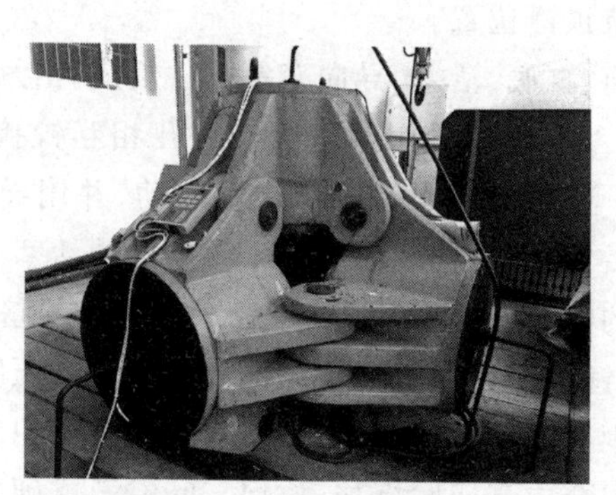

图 1-1　金刚石液压机

1.2.1　金刚石液压机的结构

金刚石液压机主要由主机、增压器、液压系统和加热系统组成。

1. 主机

主机由工作缸、铰链梁、底座和防护装置等部分组成。

金刚石液压机采用六面顶结构，所谓六面顶结构是指叶蜡石合成块外形为六面体,六个形状完全相同的硬质合金顶锤在六个不同方向同时对叶蜡石合成块施加压力。每个顶锤(图 1-2)都是通过钢环、小垫块、大垫块连接在工作缸的活塞上,并由调节螺杆进行固定和调节,以保证顶锤的径向和轴向调节,使六个锤面位置刚好形成一个六面体的腔体。

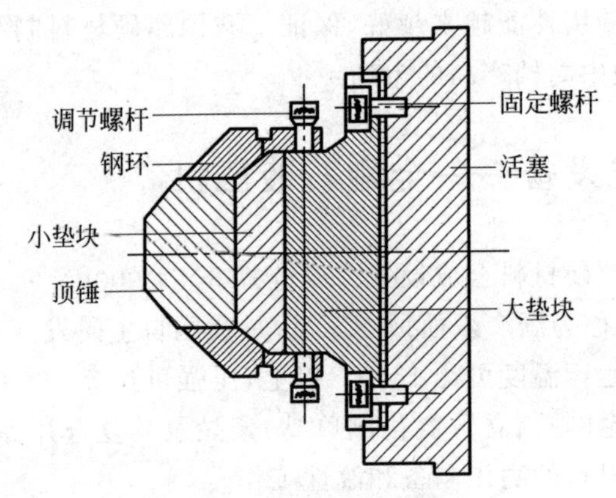

图 1-2 顶锤结构示意图

上、下、左、右、前、后顶锤分别对应上缸、下缸、左缸、右缸、前缸和后缸,每组工作缸都可以单独控制对应顶锤的行程。通常,下缸、左缸和后缸设置为定缸,用限位环锁死,非冲液状态下活塞不能向后移动;而上缸、右缸和前缸设置为动缸,在非冲液状态下可以回程。敞开六面体腔体,便于操作者在高压腔体中摆放或取出叶蜡石合成块和调节顶锤位置。

工作缸主要由缸筒、缸底、活塞、导向套等部件组成,由六个相互铰接的铰链梁连接在一起,组装好的六个铰链梁用销轴穿过销孔相互铰接在一起;缸筒和缸底被固定于铰链梁内部;活塞能在缸筒内作往复运动,并用导向套限制其转动。当各工作缸通入液压油后,会产生较大的工作压力并推动活塞前进,通过垫块和顶锤将压力传递到六面体的叶蜡石合成块上,叶蜡石在顶锤的挤压下流向顶锤间的缝隙中形成密封边,六个锤面构成的六面体腔体形成合成高压腔。

底座支撑整台金刚石液压机,主机的操作空间均有防护装置(防护板),主要用于防止高压烧结过程中合成高压腔爆炸(放炮),叶蜡石或硬质合金碎块弹出伤人。

2. 增压器

作为一种超高压设备,需要在工作缸内产生 100MPa 的油压,而普通液压设备采用的油泵只能产生 20MPa 左右的油压。为了解决这个问题,金刚石液压机在液压系统中普遍采用了增压器结构。

通常,增压器由连成一体的上下两个缸体组成,上面直径较小的缸称为超缸,下面直径较大的缸称为增压缸。两缸体内的活塞连接在一起,与两缸体相配合。增压缸活塞向上运动,推动超缸活塞同步向上运动;超缸活塞向下运动,推动增压缸活塞向下运动。增压器结构简图如图 1-3 所示。

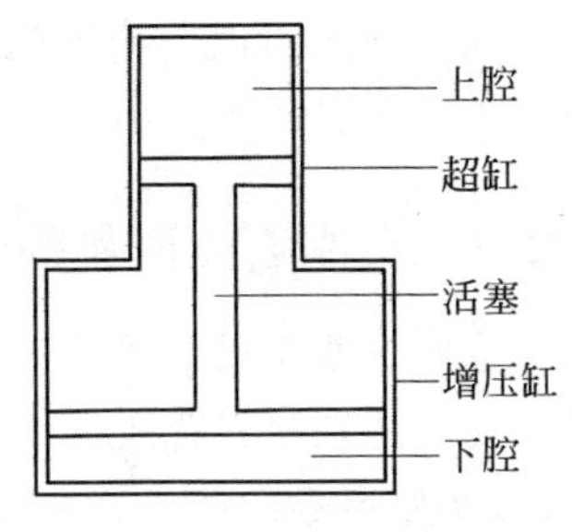

图 1-3　增压器结构简图

使用时油泵将液压油注入增压器下腔，增压器上腔与工作缸相连通，假设增压缸活塞横截面积与超缸活塞横截面积比为 $m:1$（这个比值称为增压比）。根据帕斯卡原理，当下腔油压为 p MPa 时，忽略阻力的情况下，与增压器相连的工作缸即可获得 $m\times p$ MPa 的高压。

3. 液压系统

金刚石液压机是一台液压机械设备，通常采用电控液压阀件将工业控制计算机发出的电信号指令转化为液压元件的具体动作，电信号控制电磁铁吸合或复位来控制液压阀件的阀芯，改变阀件中油路的流向，实现对液压系统的控制，使工作缸体内活塞按照工作要求作往复运动，推动顶锤挤压叶蜡石合成块获得高压。

以增压器为分界点，金刚石液压机的液压系统可以分为高压和超高压两部分：高压部分与增压器下腔相连并通过油泵直接供油；超高压部分则与增压器上腔连通，直接为工作缸提供超高压。从功能上来讲，这两部分也分别被称为控制油路和主油路。高压部分（控制油路）主要由油泵、油箱、增压器下腔和将一系列电控液压阀件整合在一起的阀板组成。通过电控液压元件，将工业控制计算机发出的电信号指令转变为控制油路中的液压信号，对超高压部分的液压阀件进行控制。超高压部分（主油路）是由增压器上腔、超高压单向阀、二位七通阀、六个工作缸组和六个工作缸对应的液控超高压单向阀及连通这些部件的超高压油管所组成。其中，液控超高压单向阀主要控制工作缸的超压和卸压；二位七通阀有两种工作状态和七个外接主油路，将增压器上腔和六个工作缸体连通，并能够控制这七个主油路的连通和断开，从而保证了六个工作缸体油压完全一致。同时六个工作缸活塞的面积相等，六个顶锤完全一样，这样，施加在叶蜡石合成块的压力也完全相等。所有超高压部分的阀件都采用液控超高压阀件，而控制这些阀件的油路与高压部分连接，由油路进行控制。

4. 加热系统

金刚石液压机是通过顶锤在叶蜡石合成块两端通以低压大电流，合成块内部电阻导电产生热量来创造高温生产环境的。通常，金刚石液压机的加热方式分为两种：直接加热和间接加热。直接加热方式在金刚石单晶生产中比较常见，加热电流直接通过叶蜡石合成块内部的石墨原料，使石墨原料自身发热，达到加热的目的，最终转化为金刚石。在直接加热方式下，石墨既是原料又是加热电阻。间接加热方式是指在叶蜡石合成块内部安装一个石墨管作为电阻。加热电流通过石墨管导电发热，产生的热量可以传递给合成材料，使合成材料发生反应。比较两种加热方式，二者存在明显的差异，间接加热方式所需的加热功率较小，同等烧结过程中，间接加热方式要比直接加热方式省电 70%左右。因此间接加热方式被广泛应用于大规模的高压生产中。

1.2.2 金刚石液压机的工作原理

金刚石液压机主要是为人造金刚石、聚晶立方氮化硼单晶、聚晶及其整体片、复合片等超硬材料合成提供高温高压环境的超高压设备，对科研实验或工业生产来说，实验参数的精确性是十分重要的，直接关系到材料制备的成败和产品的质量。在高温高压合成过程中，有两个关键的实验参数——温度和压力。

1. 温度控制和标定

金刚石液压机主要是在叶蜡石合成腔体两端的加热顶锤通以低电压(低于 10V)和大功率(1000W 以上)电流，并通过叶蜡石合成腔体内部的电阻材料(通常为石墨)发热源实现加热的。因此金刚石液压机通常配备大功率变压器，可将 380V 的高压工业用电转换为 10V 以下的低压电用于加热。而加热电路则是在变压器的副边接加热铜编带、大垫块、小垫块、顶锤，再通过合成腔体顺次串联组成加热回路。

温度的测量在材料的高温高压合成中具有非常重要的意义。在实际的高压合成实验中，不能每次都对高压腔体温度进行原位测定，只能通过输出功率间接控制高压腔体温度，这就需要我们对腔体温度进行标定，以此获得输出功率和腔体温度的对应关系。通常使用双铂铑 B 型热电偶(铂铑 30%/铂铑 6%)对腔体温度进行原位测量，加热测温原理如图 1-4 所示。在温度测量时，我们通常选取并设定不同的功率值，记录下不同实际功率所对应的热电偶电动势，对照已知的热电偶电动势与温度的对应关系即可较精确地得到腔体的实际温度。

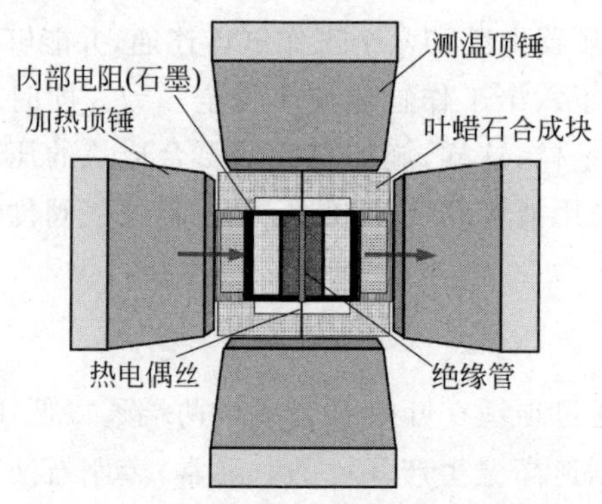

图 1-4 金刚石液压机加热测温原理图

请扫Ⅰ页二维码看彩图

2. 压力控制和标定

金刚石液压机的主机部分为铰链式六面顶油压机。液压系统由专门设计的超高压油泵、集成阀等组成，与电气控制配合可完成液压机的前进、升压、保压、回程等动作。超高压油泵将液压油送到六面顶缸体内，推动活塞前进，将压力传递给顶锤，由于缸体与锤面面积不同（缸体截面面积远大于锤面面积），假设缸体横截面面积与锤面面积比为 $n:1$（增压比），忽略压力损失的情况下，根据帕斯卡原理，当缸体的油压为 μMPa 时，锤面即可获得 $n\times\mu$MPa 的高压。该液压部分具有结构简单、便于维修、传动精度高的特点。

那么，高压合成腔体内部的压力如何测定呢？通常，我们会利用某些物质的相变压力点对高压腔体内的压力进行测量和标定，这些物质被称为压力标定物。根据已知压力标定物高压下的相变点，只需测出这些相变点在高压装置中对应的油压值，即可较精确地获得高压腔体内的实际压力与油压值的对应关系，完成对高压腔体压力的测定。最常用的压力标定物是铋（Bi）、钡（Ba）和铊（Tl）。

1.2.3　常用触媒和黏结剂

1. 触媒

在人造金刚石的合成过程中，加入某种物质作为催化剂，使合成金刚石的压力和温度大幅降低，使工业生产金刚石产业化，我们称这种物质为“触媒”。合成金刚石的生产与触媒材料密切相关，工业上合成金刚石常用的触媒主要有铁基、钴基和镍基三个合金体系。其中，镍基触媒合成金刚石所要求的压力和温度容限较宽，产品综合性能较好，因此在金刚石液压机中得到广泛应用。下面简单介绍几种合成超硬材料常用的触媒。

1）NiMnCo 合金触媒

NiMnCo 合金的组织为面心立方的单相奥氏体，是合成粗粒度金刚石片状触媒的代表产品，其工艺适应性强，使用方便、可靠。在高温高压下，参与合成的触媒处于熔融状态，且在单一奥氏体相中会出现球状石墨及碳化物相。NiMnCo 触媒在金刚石合成中会出现明显的偏析，如 Mn 会向触媒与金刚石的界面集结，引起基体贫化。与 Ni、Co 相比，Mn 在石墨中的扩散速率最快，Co 对石墨的浸润性最好。由于 Mn 较为活泼，故金刚石晶体中的包裹体多为 Mn 的化合物。Mn 在 NiCoMn 触媒中主要起降低触媒熔点和溶解碳的作用。按 Ni、Mn 和 Co 在组分中的比重，我们经常将这种合金的表达式写成 $Ni_{70}Mn_{25}Co_5$ 来直观体现其组成比例关系，可见这是一种 Ni 基合金。为了进一步提高合成金刚石的强度和粒度，通常在 $Ni_{70}Mn_{25}Co_5$ 触媒中添加某些微量元素，如在触媒中加入 Ti 和 Si 元素能提高金刚石的抗压强度，增大金刚石的粒径；添加 N 元素能明显改善金刚石晶体的力学性能，提高晶体的质量；含稀土元素的触媒，还可以提高金刚石的抗氧化能力。在 NiMnCo 触媒中加入少量的 Fe、Si 元素后，会加速石墨的溶解与活化，使合成工艺得到明显改善，因此其合成效果也优于纯 $Ni_{70}Mn_{25}Co_5$ 触媒，采用这种新型触媒材料，可以有效提高高强度金刚石的单次产量和抗压强度。

2）FeNiMn 合金触媒

这是一种 Fe 基触媒，按 Fe、Ni 和 Mn 在组分中的比重，将这种合金的表达式写成 $Fe_{60}Ni_{30}Mn_{10}$。FeNiMn 合金也是一种合成粗粒度、高强度金刚石常用的触媒材料。在 FeNiMn 中加入一定量的辅助元素，可以改善触媒的工艺性能，用这种触媒合成金刚石，其中包裹体成分与触媒组分差别很大，Ni 的含量显著偏高。利用 Fe 基合金触媒合成金刚石的压力温度条件与 Ni 基合金触媒差别不大，选择合适的 Fe 基触媒，在适宜的合成条件下能够合成高质量且高产量的金刚石。但用含 Fe 触媒合成粗粒度、高强度金刚石时，往往因合成条件不易掌握，导致金刚石的颜色和抗压强度不够理想。

3）FeNiMnCo 合金触媒

用 5% 的金属 Co 取代 Fe 基合金触媒中的部分 Mn 原子，就形成了 Fe 基合金触媒系列中的 $Fe_{60}Ni_{30}Mn_{5}Co_{5}$ 触媒材料。这种合金触媒也是面心立方晶体结构，并且与金刚石单晶体的晶格常数以及(111)晶面内的原子间的最小距离极为接近。也就是说，Fe 基合金触媒的(111)晶面上的原子排列与金刚石单晶体(111)晶面原子排列的对应关系一致，这也是 Fe 基合金触媒能够用来合成金刚石单晶的原因。

2. 黏结剂

由于单晶立方氮化硼(cBN)的粒度小，且存在解理面，易劈裂，导致其无法直接用于制造切削刀具。在工业中作为切削刀具的是聚晶立方氮化硼(PcBN)，由于其具有 cBN 的高热稳定性、高硬度和化学稳定性，同时又是由无数无序的 cBN 单晶所构成，无解理面，无方向性，因而其单晶解理裂劈减少，抗冲击韧性较高。

PcBN 是以 cBN 微粉为原料，在高温高压条件下烧结而成的 cBN 多晶体。通常我们会在 cBN 原料中添加某些物质作为黏结剂，使之烧结成 BN-M-BN 型块状聚晶体。加入黏结剂虽然在一定程度上影响了材料的硬度和强度，但极大地降低了 PcBN 的合成条件。同时，在烧结过程中黏结剂可以与 cBN、吸附的氧气或水蒸气发生反应，生成某些陶瓷材料，起到除氧除水的作用，有助于 cBN 的致密化，提高材料的综合性能。目前 PcBN 采用的黏结剂多达 100 多种，大体可归结为三大类：①金属黏结剂，如 Co、Ti、Ni、W、Ni-Al 等金属或合金材料，金属黏结剂的 PcBN 烧结体抗冲击韧性较好，但抗高温能力差，高温下易软化，影响刀具的使用寿命；②陶瓷黏结剂，如 TiN、AlN-TiN、Al_2O_3、TiO_2 等，耐高温，但抗冲击韧性差，刀具易出现破损或崩刃；③金属陶瓷黏结剂，如硼化物、碳化物、氮化物和 Co、Ni 等形成的固溶体等，可有效弥补其他两种类型黏结剂的不足。下面简单介绍几种制备超硬材料常用的黏结剂。

1）Al 和 Al 的化合物

用 AlN 作为黏结剂，所获得的 cBN 烧结体中含有 Al_2O_3，说明 AlN 与颗粒间吸附的氧发生了反应，生成了新的物相 Al_2O_3，其反应式为 $4AlN+3O_2 \longrightarrow 2Al_2O_3+$

$2N_2\uparrow$，也可能是 AlN 与颗粒吸附的水蒸气发生化学反应生成的 Al_2O_3。同时，在烧结体中还发现有 $Al_{20}B_4O_{36}$ 新物相生成，一方面，这可能是在烧结过程中，生成的 Al_2O_3 进一步与 BN 和 O_2 发生化学反应，其反应式为 $10Al_2O_3+4BN+3O_2\longrightarrow Al_{20}B_4O_{36}+2N_2\uparrow$；另一方面，由于烧结体中含有 Al_2O_3，B 离子会扩散到 Al 离子和 O 离子之间形成离子键，从而获得新的物相 $Al_{20}B_4O_{36}$。

将少量 Al 粉作为黏结剂与 cBN 微粉充分混合，高温高压条件下，Al 与 cBN 发生反应形成 AlN 和 AlB_2 组成的黏结相将 cBN 颗粒牢牢地结合在一起。对烧结体进行物相分析可以发现，cBN-Al 系列里不同的 cBN 含量烧结体中黏结相的成分也不同，cBN 含量为 50%～60%时，样品中的黏结相为 AlN、AlB_2 和 AlB_{12}；cBN 含量为 65%～75%时，样品中的黏结相为 AlN 和 AlB_2；cBN 含量为 80%～90%时，样品中的黏结相主要为 AlN 和 AlB_{12}。AlN 包围在 cBN 晶粒周围，AlB_2 和 AlB_{12} 覆盖在 AlN 的外层，这就充分说明了 Al 与 cBN 的反应过程。Al 熔融首先填满 cBN 颗粒之间的缝隙，并与 cBN 晶粒表面反应生成 AlN，cBN 又与 AlN 发生反应释放 B 原子，B 原子与未参与反应的 Al 反应形成了 AlB_2 和 AlB_{12}。

2) Ti 的化合物

将 TiN 或 Ti(C,N)作为黏结剂添加到 cBN 微粉原料中，高温高压条件下，TiN 或 Ti(C,N)会发生严重的氧化，而且黏结相中氧的扩散也促进了 TiO_2 的形成。其反应式为 $2TiN+O_2\longrightarrow TiO_2+N_2\uparrow$。通常，在使用 Ti 的化合物作为黏结剂时，我们会在黏结剂中加入少量的金属 Al。金属 Al 可以与粉体原料颗粒吸附的氧气和水蒸气反应形成硬度较大的 Al_2O_3 和 AlN，从而阻止了 cBN 粉末与氧气和水蒸气反应生成 B_2O_3 或其他化合物，进而对材料的强度和耐磨性产生积极的影响。经过大量的实验发现，加入的金属 Al 含量以 5%(质量分数)为宜，Al 的含量过多，将导致复合体内金属 Al 团聚，大大降低了材料的机械强度，做成的刀具易发生崩刃现象。在 cBN-Al-TiN 系列中，cBN 和 TiN 的周围会形成一层液相的 Al，然后 Al 与 cBN 和 TiN 反应生成 AlN 和 TiB_2 包围在 cBN 和 TiN 的周围。

3) 其他黏结剂

采用 Si 和 Ni 作为黏结剂在高温高压条件下烧结 cBN 陶瓷，在达到 Si 和 Ni 的熔点之前 cBN 晶粒发生塑性形变，而后由于 Si 和 Ni 熔体的渗入抑制了 cBN 向 hBN(六方结构氮化硼)的转变。与 Al 和 cBN 的反应不同，Si 或 Ni 没有与 cBN 发生反应，而是 Si 和 Ni 反应生成 Ni_3Si_2。

采用 Al、Si 和纳米金刚石作为黏结剂，以表面涂覆 Ti 的 cBN 为原料高压烧结制备 PcBN 样品，表面涂覆的 Ti 不仅使复合体内生成一系列化合物，如 TiB_2、AlN、Al_2Ti、Al_4C_3、$TiSi_2$ 和 TiC 等，而且在过渡层形成了原子键合。纳米金刚石作为碳源，与 Si、Al、Ti 反应形成不同的具有高强度、高硬度、化学稳定性和热稳定性良好的化合物，这些化合物可以改善复合体的微观结构并消除晶粒所承受的额外应力。反应后剩余的金刚石依然保留了金刚石的结构，在 Si 存在时没有发生石墨化的现象，这不仅提高了 PcBN 的强度和密度，而且也减少了晶粒之间的“接桥”效应。

1.2.4 叶蜡石块的结构和组装

1. 传压介质——叶蜡石复合块

传压介质是合成超硬材料必不可少且极其重要的原材料。最初的传压介质比较简单，基本使用纯的叶蜡石，近年来随着高压技术的发展，高压生产和实验中逐步采用复合传压介质，使传压介质中的每种材料“各司其职”，发挥其各自的特性，这样的传压介质密封性、传压性和保温性有了明显的提高，无论对合成工艺还是顶锤都起到良好的作用。

在利用高温高压技术合成材料的生产过程中，传压介质的选择至关重要，其在高压烧结时起到传压、密封、保温、绝缘和支撑作用，为材料的制备、掺杂及改性提供了稳定的物理环境，极大地保证了材料的质量和生产的安全。传压介质的具体性能及特点见表 1-1。

表 1-1 传压介质的性能及特点

传压性	要求传压介质具有较低的可压缩性，能有效减少传压介质本身消耗的压力，使较多的压力传递到合成腔体；具有较高的熔点及稳定性，避免因传压介质材料高温高压相变造成腔体压力不稳定
密封性	要求传压介质材料与顶锤表面有较高的摩擦力，保证良好的密封性，使腔体温度和压力稳定
保温性	要求传压介质材料的热导率尽量低，能够有效阻碍热量损失，保证腔体中反应温度稳定
绝缘性	合成腔体的温度是由石墨管通入电流产生的，要求传压介质要有良好的电绝缘性
支撑性	传压介质在顶锤之间，避免压砧在超高压过程中相互接触而损坏

可见，在高温高压材料制备时，能够选择一种稳定的物质作为反应容器材料是最理想的，虽然这种材料相对来说比较难选择，因为不仅要考虑材料的稳定性，还要充分考虑材料的可操作性。通常，我们会选择叶蜡石复合块作为传压介质材料，叶蜡石复合块外层为叶蜡石，内层嵌有白云石内衬管。

1）叶蜡石

叶蜡石属层状硅酸盐黏土矿物。其分子式为 $Al_2[Si_4O_{10}](OH)_2$，其理论化学成分包含 40% 的 Al_2O_3、47%左右的 SiO_2、7%的 H_2O 和约 6%的杂质。叶蜡石具有较好的滑移性，质地柔软、细腻，且硬度低(莫氏硬度为 1.5～2.0)，同时，叶蜡石的介电性能及热导性能较差，因而具有良好的传压性、机械加工性、耐热保温性、绝缘性以及密封性能，所以目前叶蜡石在材料制备与改性中得到了广泛的应用。本章将其作为复合块外层的传压介质材料。

2）白云石

结构式为 $CaMg(CO_3)_2$，属碳酸盐矿物。其中 CaO、MgO、CO_2 的含量分别为 30.41%、21.86%、47.73%。纯白云石为白色，具有玻璃光泽，莫氏硬度为 3.5～4，性脆，密度为 2.8～2.9g/cm^3。白云石常压下的分解温度为 700～1000℃，750℃左右分解为游离态的 MgO 和 $CaCO_3$，950℃左右 $CaCO_3$ 分解。白云石与叶蜡石的物理性质对比见表 1-2。

表 1-2　白云石与叶蜡石的物理性质

材料名称	热膨胀系数/K^{-1}	热传导率/cal·(s·cm·K)$^{-1}$	密度/g·cm^{-3}	高温高压下的相变
白云石	2.7×10^{-5}	0.0159	2.89	微量
叶蜡石	7.9×10^{-6}	0.0216	2.95	变化较大

从表 1-2 中数据可以看出，白云石比叶蜡石更稳定，高温高压条件下不分解，没有物相反应，具有较高的热膨胀系数，在密闭的传压介质中加入白云石内衬材料，避免了叶蜡石等含水黏土矿物在高温高压下分解脱水造成的体积收缩，腔体压力不稳定以及水对超硬材料生长的危害；白云石的热传导率较低，是较理想的保压保温材料，起到了良好的保温绝热作用。因此，实际高温高压实验中通常采用分体复合块技术，将腔体内壁叶蜡石用白云石衬管代替，有效弥补了叶蜡石高温相变的不足，充分发挥了叶蜡石和白云石各自的优势，其复合结构如图 1-5 所示。

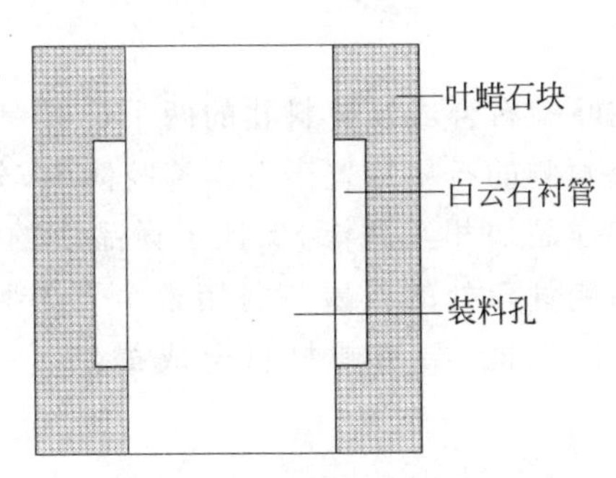

图 1-5　叶蜡石复合块截面图

2. 叶蜡石合成块的组装

本章实验使用 32.5mm×32.5mm×32.5mm 的叶蜡石复合块，作为高压烧结的反应容器和外层传压介质。由内向外，依次将样品块、石墨片和堵头装入石墨管，置于复合块装料孔中心位置，两侧依次添加石墨片、铜片和导电钢帽，完成叶蜡石合成块组装过程。为保证叶蜡石合成块的导电性和传压均匀性，应注意各组装部件的清洁处理，组装前要对导电钢帽和铜片进行除污除锈处理。组装过程中，可使用洗耳球轻吹除尘，防止叶蜡石或堵头粉尘落入各部件夹缝中，影响实验效果。叶蜡石合成块组装图如图1-6所示。

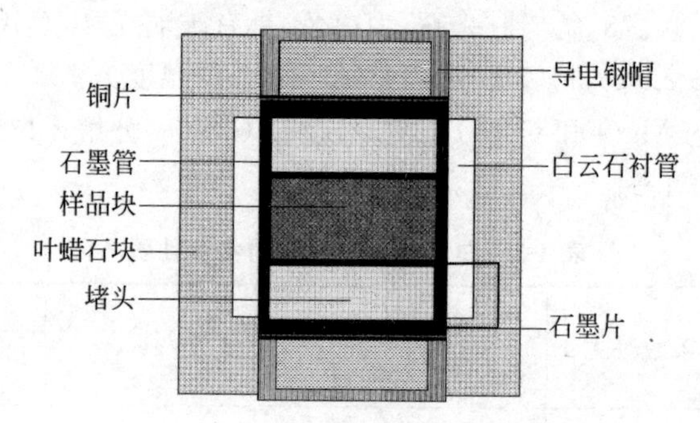

图1-6 叶蜡石合成块组装图

1）样品块

样品块是由超硬材料混合粉体经四柱压机压制而成的块状样品，其尺寸根据实际应用和加工需求而定。本章实验中压制的样品块直径约为16.1mm，经高压烧结后，样品块的直径缩减到14.2mm左右。

2）石墨管

石墨管是由石墨纸卷成的高17mm、外径17.8mm的管状腔体，作为样品块的容器和发热电阻，在高温高压合成中至关重要，石墨管的质量直接关系腔体的发热量和温度的稳定性。石墨管的层状结构使其质地柔软，在一定程度上也起到了平衡压力的作用。

3）石墨片

石墨片分别放置在叶蜡石合成块装料孔的两个位置——样品块两侧和石墨管两侧管口处。样品块两侧的石墨片置于石墨管腔体中，分隔样品块和堵头，可有效防止高压下堵头和样品块相互融渗，保证了样品块的纯度和其两侧压力的均匀稳定性。石墨管两侧管口处的石墨片封堵整个石墨腔体，这样的组装具有良好的导电、传压和保温功能，给超硬材料合成提供了一个封闭稳定的物理环境。

4）铜片

本章实验中所使用的铜片尺寸直径为18mm，厚0.3mm，是通过冲具在紫铜板上加工而成的，在高压合成过程中起到导电和平衡电流的作用。

5）导电钢帽

导电钢帽是内嵌叶蜡石的碗状金属结构，具有良好的导电性，本章实验的导电钢帽尺寸直径为18mm，厚6.2mm，组装叶蜡石复合块时，将叶蜡石面向内置于复合块装料孔最外侧。高压烧结时，钢帽外层表面直接与金刚石液压机左右两组缸体锤头接触，对锤头通以低压大电流，这时叶蜡石合成块内的石墨腔体（电阻）通电产生热量，对样品块进行加热，内嵌的叶蜡石也在高压下起到传压的作用。导电钢帽结构如图 1-7 所示。

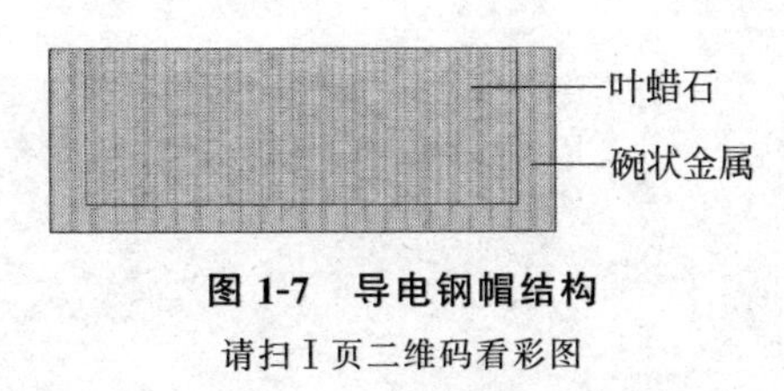

图 1-7　导电钢帽结构

请扫Ⅰ页二维码看彩图

6）堵头

堵头是叶蜡石合成块中的内层保温传压材料，置于样品块的两端，具有保温、绝缘和传压的作用。堵头的材料种类很多，氯化钠（NaCl）、氧化镁（MgO）和二氧化锆（ZrO_2）等均可作为堵头材料，通常实验室所用的堵头是由氧化镁和 20%（体积分数）二氧化锆粉体压制烧结而成的。

氧化镁在常温下为一种白色固体，高温高压下性质稳定，但粉压成型的氧化镁高温高压下会持续收缩，如果单独使用，不利于高压腔体内压力和温度的稳定，可操作性不强。二氧化锆是锆的氧化物，通常状况下为白色、无臭、无味晶体，难溶于水、盐酸和稀硫酸；化学性质稳定，具有较高的熔点、电阻率及较低的热膨胀系数，是非常重要的耐高温材料和陶瓷绝缘材料。

考虑到可操作性，将氧化镁和 20%（体积分数）的二氧化锆均匀混合后，用四柱压机将混合粉末压制成片状（厚度依据实验需求而定），然后放入马弗炉中在 400℃下焙烧 4h 左右。焙烧后的材料以二氧化锆为骨架，具有一定的硬度，高温高压下体积也不发生变化，是较理想的内层保温传压材料。

1.2.5　金刚石液压机实验参数设置

在高压烧结过程中，设置实验参数是必不可少的环节，我们需要通过系统对功率、油压、升降温速度和保温时间等参数进行修改或设定，通常功率、油压、时间的单位分别选择千瓦（kW）、兆帕（MPa）和秒（s）。设置过程如下：

（1）开启压机控制柜侧面手闸开关，显示器自动跳转至“六面顶压机自动控制系统”界面。如图 1-8 所示，界面上方直观显示当前油压、功率、送温压力、电压、电流、电阻和锤头位置等参数的数值，下方是两组工艺曲线，坐标系水平方向表示时间，垂直方向分别表示油压（绿色）和功率（紫色），两条工艺曲线分别表示设置的油压与功率随时间的变化关系。

（2）本章实例中选择 15 号工艺为例进行讲解。单击“画工艺曲线”按键，进入“六面顶压机工艺曲线设置”界面。如图 1-9 所示，在这个界面中，可以根据烧结需求，利用虚拟数字键盘设定或修改油压、功率和送温压力参数数值。输入新的参数值，单击“OK”键完成参数设置后，按“保存”键退出设置界面，如不需要对参数进行修改，可直接按“退出”键返回自动控制系统界面。

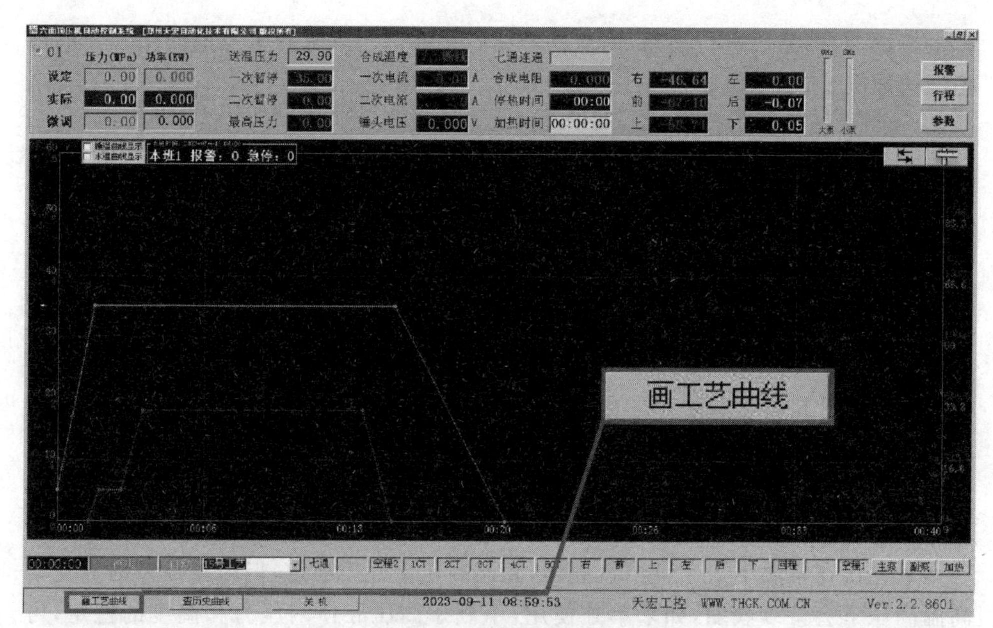

图 1-8　六面顶压机自动控制系统界面

请扫Ⅰ页二维码看彩图

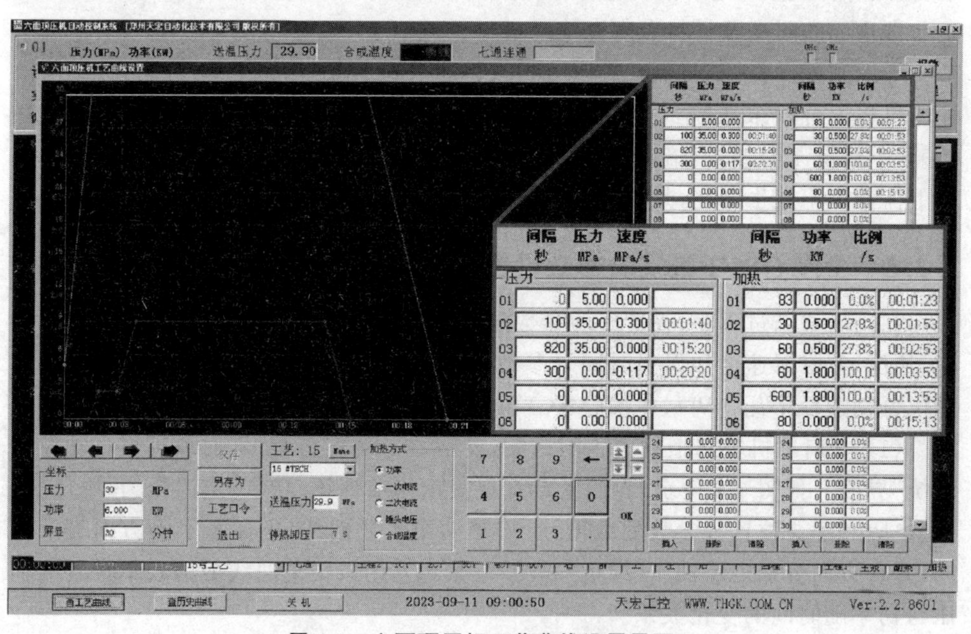

图 1-9　六面顶压机工艺曲线设置界面

请扫Ⅰ页二维码看彩图

（3）返回自动控制系统界面，界面下方工艺段号位置出现“重设工艺”虚拟按键，单击该按键后，所设定或修改的参数同步改变，显示新的工艺参数和工艺曲线，同时，“重设工艺”按键消失，重新显示工艺段号，如图 1-10 所示。

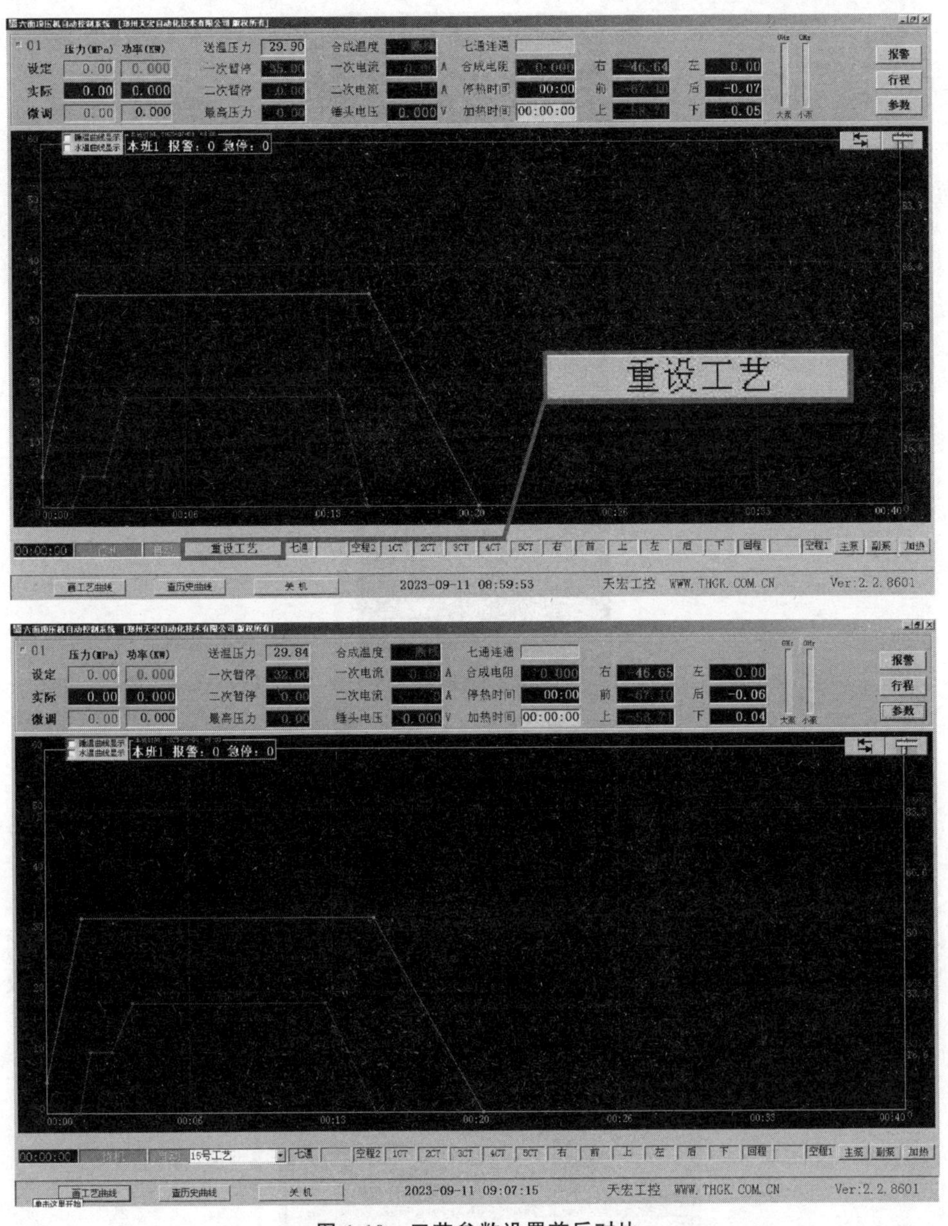

图 1-10　工艺参数设置前后对比

请扫Ⅰ页二维码看彩图

在自动控制系统界面中，除了设置工艺参数，还可以对其他参数进行设定和查看，如图 1-11 所示，界面右上角三个虚拟按键——“报警”键、“行程”键和“参数”键。按“报警”键，界面右侧将会出现报警下拉列表，在列表中能够查看系统记录的历次压机报警日期、时间和原因。根据报警信息就可以了解当前设备故障或错误操作，便于操作者作出对策并选择正确方式进行操作。再按一次“报警”键，下拉列表消失。

图 1-11　报警显示

请扫Ⅰ页二维码看彩图

按“行程”键，将弹出各工作缸体行程设置界面，如图 1-12 所示，在这个界面里，我们可以监测和调节各组工作缸体的行程范围。压机长时间使用或发生“放

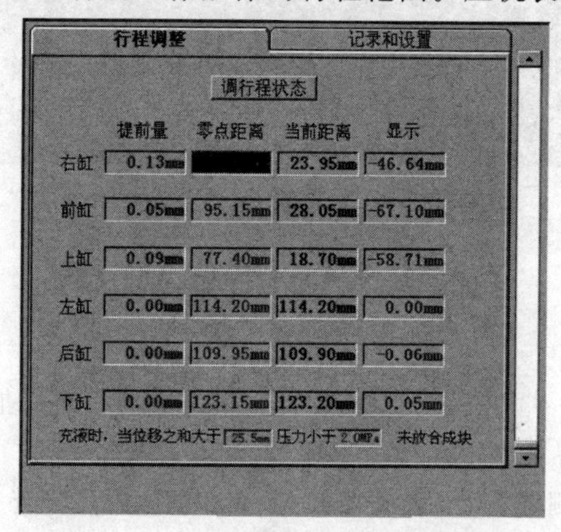

图 1-12　各工作缸体行程设置界面

请扫Ⅰ页二维码看彩图

炮”等情况后，锤头的位置可能发生微小的变化，这时需要对各组缸体和锤头进行检查，并在系统中重新对工作缸体行程进行校正，这个过程就是我们常说的“调锤”。在界面中可观测工作缸体行程的参数值，当工作缸体带动锤头再次空进到达指定位置后，锤头将不再前进，避免了后续加工中发生撞锤等危险。

按“参数”键，将弹出参数设置界面，如图 1-13 所示，在这个界面中，可以通过下方箭头虚拟按键对控制参数、报警参数和坐标等数值进行设置，将压机工作的各种运行和操作限定在合理的范围内，能够有效防止高压烧结中危险的发生。

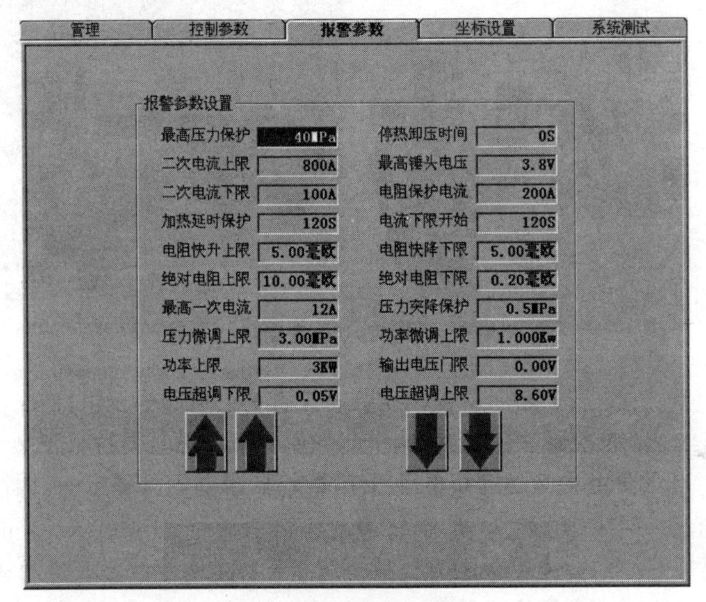

图 1-13 参数设置界面

请扫Ⅰ页二维码看彩图

除此之外，我们还可以通过自动控制系统界面调整坐标系参数值，便于操作者观察工艺曲线走势，监测高压烧结过程中油压和功率的变化。

1.2.6 金刚石液压机高压合成过程

下面以立方氮化硼（超硬材料）整体片的高压合成过程为例进行介绍。

（1）使用电子天平按一定比例称量立方氮化硼和黏结剂粉末原料，倒入球磨罐中，按一定球料比添加聚氨酯磨球，向罐中倒入适量酒精，将罐盖盖严后装入行星式球磨机，进行充分混合直至均匀。

（2）从球磨罐中取出混合原料，烘干后用研钵进行充分研磨直至块状原料分散成均匀粉状颗粒，将粉体原料装入坩埚置于真空管式炉等高温真空设备，对粉体原料进行高温热处理，去除粉体原料表面吸附的水分和易挥发杂质。

（3）如图 1-14 所示，用酒精棉将模具擦拭干净，将金属堵头插入模具底部，这样外母和金属堵头就形成了一个平底容器，使用电子天平称量干燥处理后的粉体

叶蜡石高压腔体的组装视频

原料，将适量的粉体原料倒入模具内，插入金属柱进行封装后压实，在四柱液压机上进行预压，使粉体形成致密的圆柱形样品块。

(4) 将经过烘烧处理后的叶蜡石复合块、钢帽、白云石环、石墨片、铜片和堵头等材料按顺序进行组装，组装完的叶蜡石合成块如图 1-15 所示。

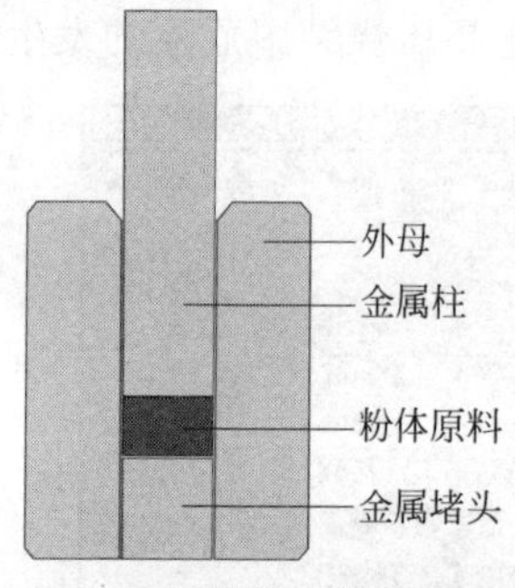

图 1-14 模具压样原理图

图 1-15 组装完的叶蜡石合成块

(5) 开启金刚石液压机，设置压力和功率参数，将“手动/自动”旋钮转到“自动”位置。

(6) 将组装好的叶蜡石合成块置于金刚石液压机高压腔体中，如图 1-16 所示，应注意，复合块的三个面要与高压腔体三个定缸锤面抵牢。按压机手动操作器“空进”键，三动缸锤头同步向前移动，这个过程中，要时刻关注合成块，防止钢帽松动脱落造成材料烧结失败或安全风险。三动缸锤头到达指定位置后，按“合成”键，开始对粉体原料进行高温高压烧结。

图 1-16 液压机高压腔体结构

请扫Ⅰ页二维码看彩图

(7) 在自动运行状态下，高压烧结过程结束后，压机将按设定的功率和压强工艺降温降压，当泄压至 0.1MPa 左右时，六组缸体带动锤头自动回程至初始位置。此时可从高压腔体中取出叶蜡石合成块，即可获得致密的立方氮化硼整体片毛坯样品，对其进行表面抛光后如图 1-17 所示。

(8) 使用平面磨床、万能磨床、专用工具磨床、线切割机、激光切割机、真空焊接机、高频焊接机等加工设备对毛坯样品进行加工，制成超硬材料工具，如图 1-18 所示。

图 1-17　高压烧结后叶蜡石废料和毛坯样品块

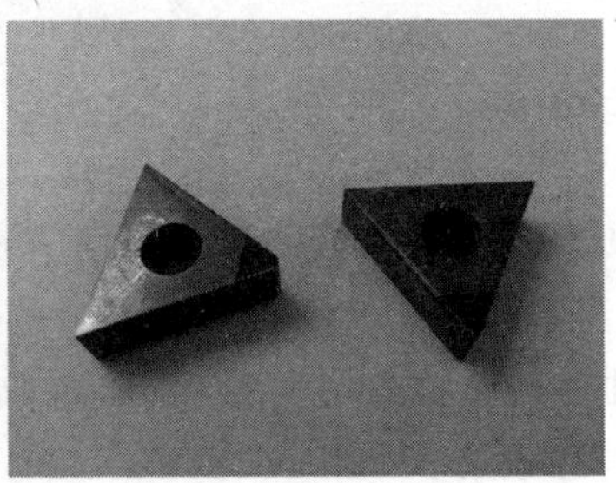

图 1-18　立方氮化硼整体片和复合片刀具

1.3　注意事项

(1) 叶蜡石块、钢帽、石墨片和传压介质等材料必须经过高温处理，方能用于高压实验；

(2) 保证叶蜡石合成块的各部分清洁干净，并严格按照顺序进行组装，确保石墨管通电放热；

(3) 按“空进 Forword”按键前必须确保高压腔体中有叶蜡石块；

(4) 高压实验过程中，请勿靠近金刚石液压机，避免设备“放炮”造成人身伤害；

(5) 液压机运行期间，禁止触碰控制台面板上的按键，防止误操作发生危险；

(6) 设备高压运行过程中，禁止启动手动模式，泄压前禁止回程；

(7) 禁止设备在超高温超高压下长时间运行；

(8) 禁止用湿手触碰电闸电源，以免发生触电危险。

1.4　思考题

(1) 什么是超硬材料？常见的超硬材料有哪些？

(2) 叶蜡石合成块各组成部分的作用是什么？

(3) 简述金刚石液压机能够产生高压的原理。

(4) 国内外常用的高压设备有哪些？其特点是什么？

第2章

超高压物理虚拟仿真实验

2.1 概述

虚拟仿真实验是指借助于多媒体、仿真和虚拟现实等技术在计算机上营造一个可辅助、可替代传统实验各操作环节的相关软硬件操作环境，操作者可以像在真实的环境中一样完成各类实验项目，所取得的实验效果等价于甚至优于在真实环境中所取得的效果。

虚拟仿真实验建立在一个虚拟的实验环境之上，注重的是实验操作的交互性和实验结果的仿真性。利用计算机技术生成一个逼真的、具有视、听、触等多种感知的虚拟环境，用户通过使用各种交互设备，同虚拟环境中的实体相互作用，使之产生身临其境的交互式视景仿真和信息交流，是一种先进的数字化人机接口技术。

与传统的模拟技术相比，虚拟现实技术的主要特征是操作者能够真正进入一个由计算机生成的交互式三维虚拟现实环境中，与之产生互动，进行交流。

通过操作者与虚拟仿真环境的相互作用，并借助人本身对所接触事物的感知和认知能力，帮助启发参与者的思维，全方位地获取虚拟环境所蕴涵的各种空间信息和逻辑信息。

随着虚拟实验技术的成熟，人们开始认识到虚拟仿真实验在教育领域的应用价值，它除了可以辅助高校的科研工作，还可为实验教学提供诸多便利。近年来国内越来越多的高校都根据自身科研和教学的需求建立了一些虚拟仿真实验室，有效缓解了很多高校在经费、场地、器材和实验教学安全等方面普遍面临的困难和压力。而且在互联网上开展实验教学活动能够突破传统实验对“时空”的限制，无论是学生还是教师，都可以随时随地自由地进入虚拟仿真实验室，操作仪器，完成各类实验项目，有助于提高科研效率和实验教学质量。

本章将国产六面顶超高压技术与虚拟仿真技术相结合，利用三维(3D)建模和数字交互技术，使学生在虚拟环境中完成实验原料的预处理、高压合成以及样品测试分析等实验环节，形成集诊断性、形成性和总结性评价于一体的阶段式评价体系。解决实践教学中装置规模大、设备数量少、实验周期长、原材料成本高、精密仪器操作上手难和极端实验条件具有一定危险性等问题，提高教学效率，激发学生学习兴趣,增强学生实践创新能力。

2.2 超高压物理虚拟仿真实验

超高压物理实验技术是一门新兴的、未来极具发展潜力的科学技术之一,其能够为材料的合成与改性提供高压和高温的极端条件(5~6GPa,1500℃以上),该极端物理条件是拓展物质科学研究空间,发现和研究新物态、新现象、新规律必不可少的手段。针对当前凝聚态物理、化学、材料前沿研究所需的极端条件向综合化、集成化和规模化发展的趋势,在实践教学中应该得到重视和大力发展。本实验借助现有高压实验平台,通过虚拟仿真技术,以国产六面顶液压机高压合成过程的单元操作为主线,开发构建“超高压物理实验技术”虚拟仿真实验。通过虚实结合的教学模式,为物理学类、材料学类及相关专业的学生提供一个灵活自由的线上实验学习环境,让学生能够随时随地开展实验。学生既掌握了专业技术,又保证了人身安全,极大降低了实践实训过程的难度和风险。通过虚拟仿真实验,使学生能够熟悉和深入了解大型高压物理实验设备——国产六面顶液压机的基本结构组成、工作原理和操作流程;掌握X射线衍射仪、维氏硬度计和电子万能试验机等实验仪器的基本结构、操作步骤、运行原理和分析方法;掌握利用超高压技术合成超硬材料的工艺流程,包括超硬材料的设计及合成、材料硬度、抗弯强度、物相结构等性能分析方法等,培养学生运用专业的物理知识分析和解决问题的能力。

超高压物理虚拟仿真实验程序客户端操作系统采用 Windows 7 及以上版本,硬件配置为处理器 Intel i5 2.7GHz 及以上、2GB 独显、内存 16GB 计算机一台。

单击网址 http://www.ilab-x.com/进入“实验空间—国家虚拟仿真实验教学课程共享平台”网络界面,进行注册,完成注册后单击网址 http://www.ilab-x.com/details/v4?id=5212&isView=true 进入实验操作界面,输入账号和密码进行登录,单击“开始学习”,安装虚拟仿真平台插件,单击“启动”按钮,进入软件操作界面。超高压虚拟仿真实验在飞行模式下利用“WSAD”键来控制操作者“前后左右”动作,鼠标右键控制操作者转身,Q键启动或退出飞行模式,如图2-1所示。

2.2.1 超高压物理虚拟仿真实验场景

超高压物理虚拟仿真实验通过两个实验共三个实验场景来展现超硬材料的合成和结构、抗弯强度与硬度测试过程。每个实验场景界面都带有“操作指引”,操作者可以在虚拟环境里按照“操作指引”的指示内容操作仪器,如图2-2所示。也可以收起“操作指引”自行进行实验操作,每步操作前所用设备或材料也会呈现高亮提示,单击设备高亮位置即可进行相应操作。本虚拟仿真实验以 cBN 聚晶样品块的高温高压合成和测试为例。

图 2-1 虚拟仿真软件帮助界面

请扫Ⅰ页二维码看彩图

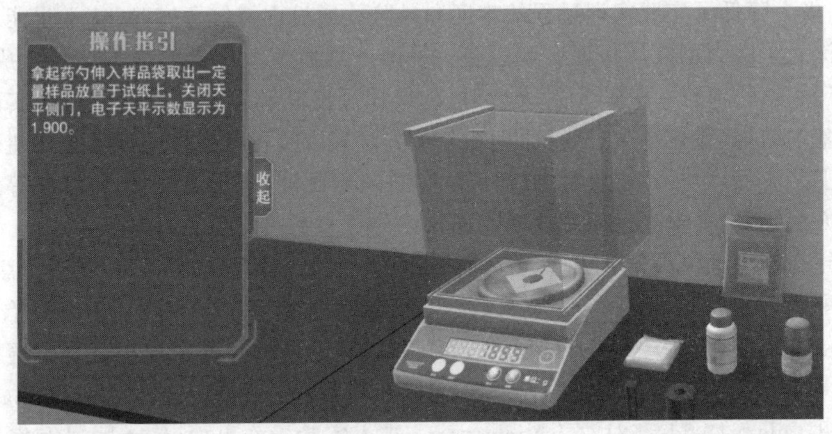

图 2-2 操作指引界面

请扫Ⅰ页二维码看彩图

1. 第一实验场景

这是一间材料准备室，室内配备了药品柜、工作台、电子天平、玛瑙研钵、称量纸、药匙、高温管式炉和坩埚等设备或耗材。在这个场景中，操作者可以模拟超硬材料合成前粉体原料（cBN 粉、黏结剂粉）的取样、称量、配置、研磨混合和真空高温热处理等过程，如图 2-3 所示。

2. 第二实验场景

完成 cBN 粉体原料热处理后，就可以来到隔壁的第二实验场景，这是高温高压实验室，室内配备了四柱压机、鼓风干燥箱、国产六面顶液压机及其工作台等设备。在这个场景中，操作者可以进行样品块的压制、叶蜡石合成块的组装和超硬块体材料的高温高压合成过程，如图 2-4 所示。

图 2-3　第一实验场景

请扫Ⅰ页二维码看彩图

图 2-4　第二实验场景

请扫Ⅰ页二维码看彩图

3. 第三实验场景

取出 cBN 聚晶样品块后，即可进入隔壁的第三实验场景——样品测试实验室，室内依次放置 X 射线衍射仪、万能试验机和硬度计等设备及其配件。操作者可以利用该场景设备模拟超硬材料结构、抗弯强度与硬度测试过程，如图 2-5 所示。

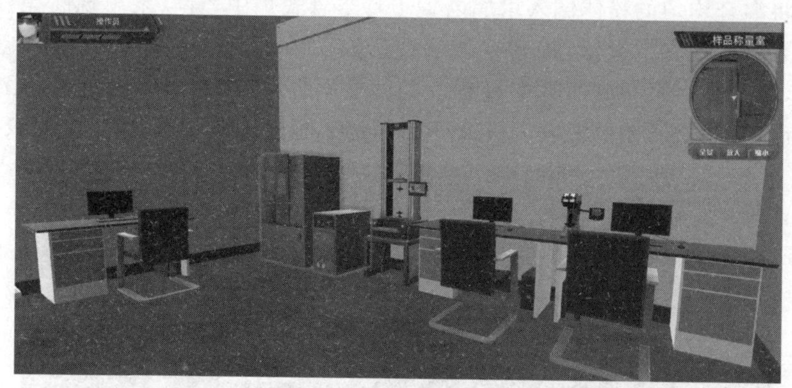

图 2-5　第三实验场景

请扫Ⅰ页二维码看彩图

2.2.2　超硬材料超高压合成虚拟仿真实验

退出帮助界面后，虚拟操作者开局即身处第一实验场景中，按照“操作指引”和设备高亮提示进行操作。操作者来到药品柜前，鼠标左键单击药品柜门，打开药品柜，单击高亮的药品包装袋，药品自动转移到样品台上；单击电子天平完成调平；按下电子天平“开关”键开启天平，在秤盘上放置尺寸适当的称量纸，按“归零”键归零，天平示数显示“0.000”；单击样品匙取适量粉体材料缓缓倒进称量纸中进行称量，弹出“药品称量”对话框，对话框中给出“1g、0.1g、0.01g 和 0.001g”四挡按键，需要操作者单击相应按键增加药品质量，直至示数与预称量质量相等为止，单击“确定”键返回操作界面(如输入质量有误，可单击“删除”键清零后重新输入，否则单击“确定”键后，系统将弹出对话框提示称量错误)；单击天平高亮位置打开天平罩门，取出粉体材料将其倒入研钵中；再进行一次称量过程，称量适量的 B_4C 粉体，将粉体倒入研钵后，单击高亮的研钵自动关闭天平，如图 2-6 所示。使用研钵杵进行混合，直到粉体混合均匀。

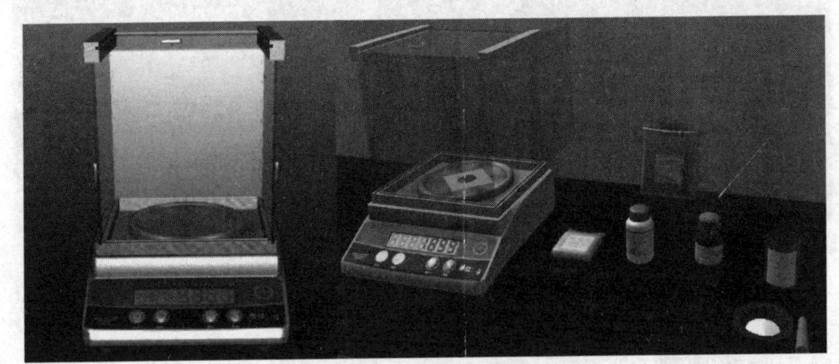

图 2-6　电子天平、药品和研钵

请扫Ⅰ页二维码看彩图

接下来要对混合粉体原料进行热处理，以去除粉体附着的水蒸气和杂质，控制操作者将混合均匀的粉体倒入坩埚内置于真空管式炉中，真空泵出现高亮提示，单击真空泵进行抽真空操作，待真空表示数达到 -0.05MPa 后，真空泵再次呈现高亮状态，单击真空泵完成抽真空过程。如图 2-7 所示，转动操作面板钥匙至“ON”位置开启操作面板，在控温表上按 A/M 键，进入程序编辑状态，单击温控表面板弹

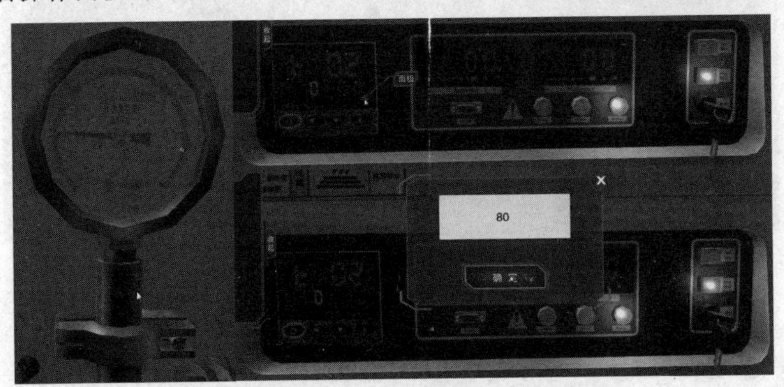

图 2-7　真空表及操作面板参数设置

请扫Ⅰ页二维码看彩图

出对话框，输入参数值并按“确认”键，设定“温度-时间”程序后温控表自动退出编辑状态；按“Start Heat”按钮，开启加热模式，单击温控表“RUN”键，程序运行，管式炉进入加热过程；待程序结束后(或长按“STOP”键结束程序)，按“Stop Heat”按钮退出加热模式；转动“ON/OFF”钥匙至“OFF”位置，关闭管式炉，待炉体温度下降至合适温度，单击炉管高亮位置，取出坩埚。

单击实验台上高亮的模具堵头，堵头塞入模具底端，依次单击称量纸和模具金属柱，将热处理后的粉体倒入模具内封装，即初步完成了第一实验场景的样品制备过程。控制虚拟操作者转身进入第二实验场景内，粉末成型压机高亮显示，单击压机高亮位置，进入知识点讲解界面，这个界面分为压机工作原理、压机安全操作和四柱液压机简介等部分，以文字的形式进行讲解，单击“返回”键返回实验场景，如图 2-8 所示。调节油压旋钮至合适位置，单击“ON”键，开启压机，单击模具高亮位置将模具置于粉末成型压机锤头间；单击脚踏开关模拟踩踏动作，压机顶锤向下运动压紧模具，再次单击脚踏开关模拟抬脚动作，顶锤向上运动，系统提示该过程反复 2～3 次，完成超硬材料粉体预压成型后退模并取出圆柱体样品块，单击“OFF”键，关闭压机，继续进行后续实验。

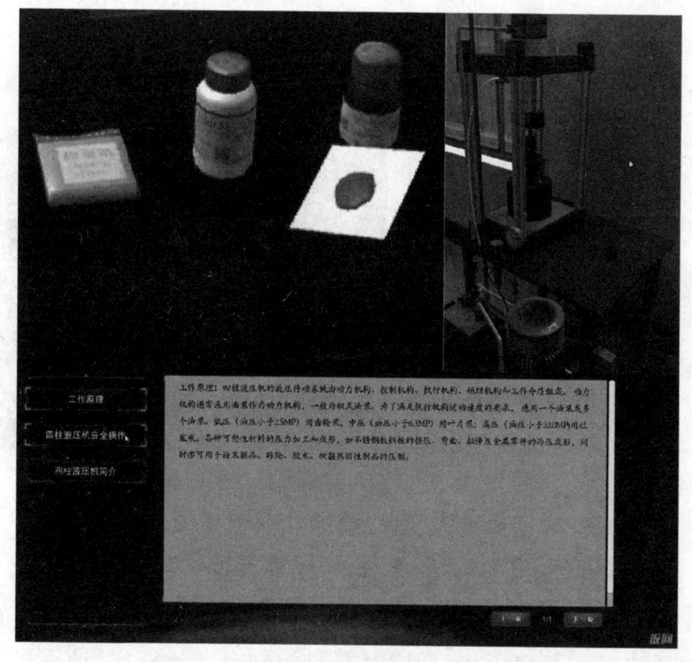

图 2-8 四柱液压机原理讲解和粉压成型

请扫Ⅰ页二维码看彩图

控制虚拟操作者来到鼓风干燥箱前，干燥箱门呈现高亮状态。单击干燥箱门打开干燥箱，箱内装有叶蜡石复合块、铜片、导电钢帽、石墨片、石墨管和堵头等材料。叶蜡石复合块出现高亮提示，单击叶蜡石复合块即可进入叶蜡石高压腔体组装动画界面，该界面将经过焙烧和烘干处理好的叶蜡石复合块、石墨片、石墨管和堵头等传压保温材料按照动画所示的腔体结构直观地向我们展现叶蜡石高压腔体的组装过程。组装材料和腔体结构等如图 2-9 和图 2-10 所示。组装腔体完毕，单击视频右上方“×”返回实验场景，干燥箱门再次显示高亮状态，单击高亮位置关闭干燥箱门进行后续实验。

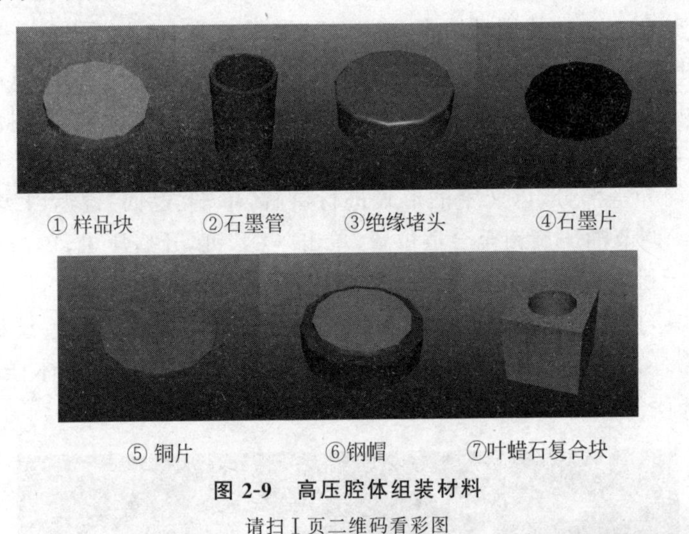

图 2-9　高压腔体组装材料

请扫 I 页二维码看彩图

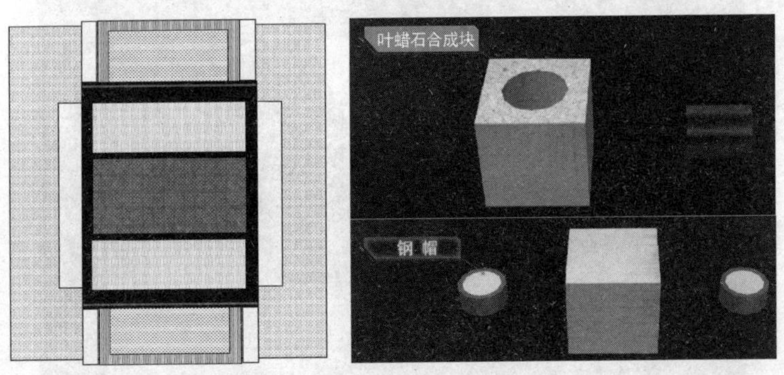

图 2-10　叶蜡石合成块腔体组装结构

请扫 I 页二维码看彩图

接下来我们利用国产六面顶液压机对组装好的叶蜡石合成块进行高温高压烧结，控制虚拟操作者关闭干燥箱门后转身，将会发现国产六面顶液压机侧面开关呈现高亮状态，单击开关开启压机，即同时开启控制台和计算机，计算机显示器高亮显示，单击显示器进入软件运行界面(程序主界面)。与第 1 章所述的国产六面顶液压机程序参数设置方式完全相同，我们可以在软件中模拟六面顶液压机程序参数设置的整个过程(图 2-11)，按“操作指引”内容进行操作，单击“画工艺曲线”打开“六面顶压机工艺曲线设置”窗口，单击“OK”键，弹出预设参数信息，此时可以使用键盘或虚拟小键盘设置合成工艺参数等。输入参数后，系统将根据所设置的数值自动计算出压力或温度变化的速率。如参数设置有误，则系统弹出对话框提示错误。单击“保存”键，窗口的数轴区域将出现与工艺参数相匹配的压力和温度曲线。退出该窗口并单击“重置工艺”键，压力和温度曲线出现在程序主界面的数轴区域，完成工艺参数设定。

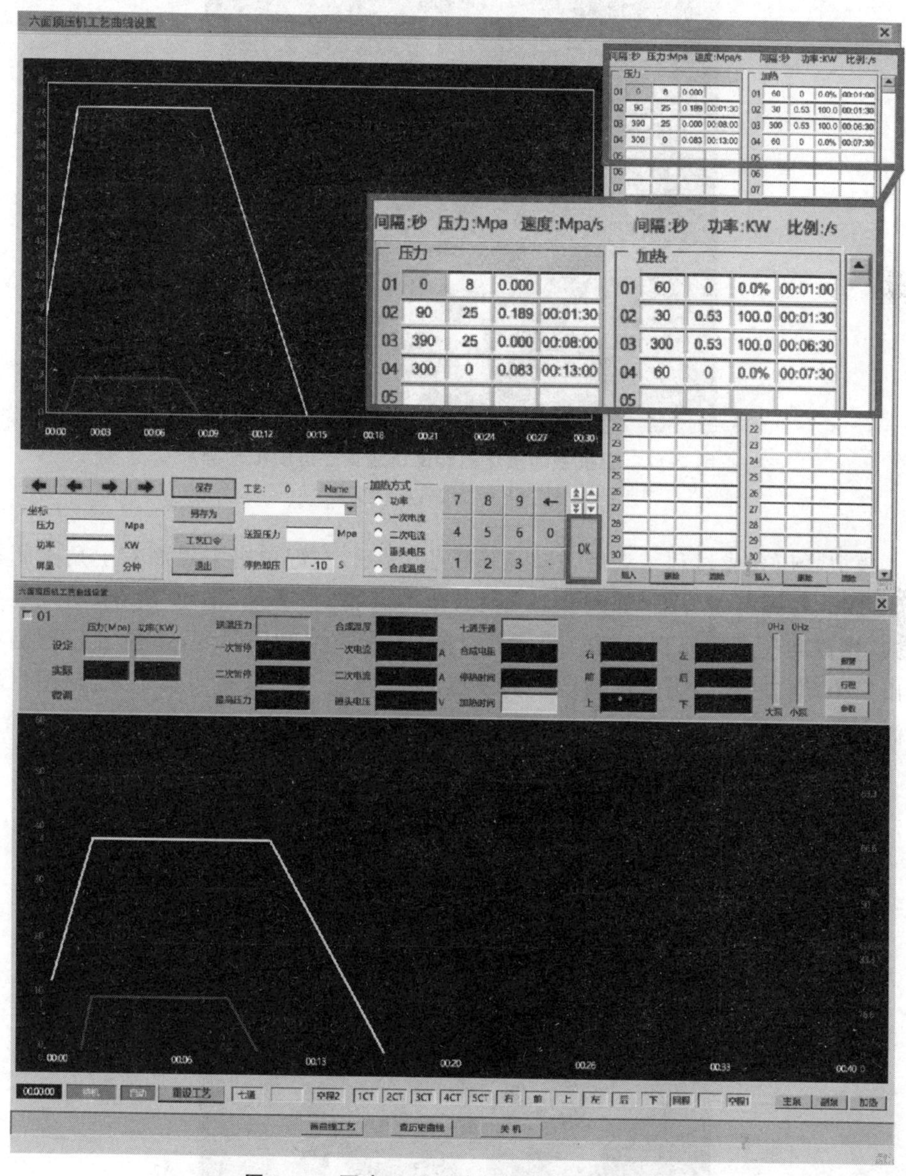

图 2-11　国产六面顶液压机参数设置界面

请扫Ⅰ页二维码看彩图

单击六面顶液压机上放置的组装好的高亮叶蜡石合成块，将叶蜡石合成块放入压机高压腔体内。如图 2-12 所示，通过“压机手动操作器”对压机缸体进行手动操作,"空进"键高亮显示,单击"空进"键播放前、右、上三个动缸锤头同步前进的动画模拟锤头空进过程,单击"×"关闭动画后,返回实验场景。单击"合成"键开始进行高温高压合成实验,弹出工艺曲线界面,压机按照设定工艺运行。

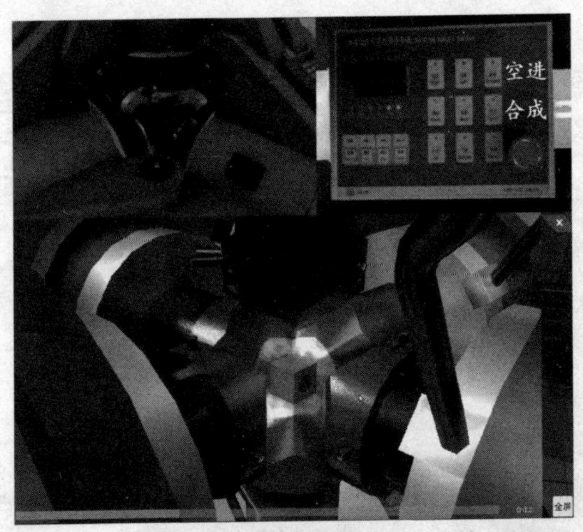

图 2-12　压机手动操作器和高压腔体空进模拟动画

请扫Ⅰ页二维码看彩图

模拟高压合成过程结束后,按"操作指引"提示,左键单击主界面右上角关闭按钮,关闭软件运行主界面,如图 2-13 所示,单击高亮的"手动/自动"旋钮,切换运行模式,将自动模式切换到手动模式,单击"卸压"键模拟卸压过程,单击"回程"键将弹出三个动缸回程到指定停锤位置的模拟动画,单击"×"返回实验场景,超硬材料高温高压合成模拟实验结束。

图 2-13　控制台操作面板和高压腔体回程模拟动画

请扫Ⅰ页二维码看彩图

2.2.3　超硬材料测试虚拟仿真实验

操作者进入第三实验场景，弹出对话框“请进行样品的分析实验”，单击“确定”键，“操作指引”将提示“请查看 X 射线衍射仪设备介绍”，X 射线衍射仪（XRD）和循环水机呈高亮显示，单击仪器高亮位置，进入 X 射线衍射仪设备介绍界面（图 2-14），以文字和图片的形式向操作者进行讲解，在这里我们可以了解 XRD 的工作原理、物相测试和操作注意事项等内容，单击“返回”回到实验场景。转动循环水机旋钮至“启动”位置，开启循环水机，单击 X 射线衍射仪右下方的“ON”键，模拟开启设备。

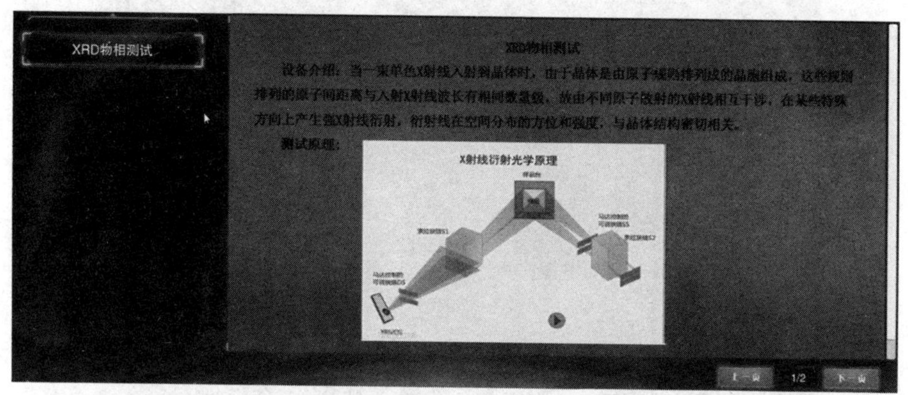

图 2-14　X 射线衍射仪设备介绍界面

请扫 I 页二维码看彩图

单击计算机显示器模拟启动计算机，双击 X 射线软件桌面图标，弹出“DX-2700 系统控制”运行界面（图 2-15），单击左上方“测量”，弹出 X 射线管训练，输入训练 KV 值“40”，单击“确定”，返回运行界面。单击 X 射线衍射仪门把手高亮位置，开启工作舱门，单击桌面装载好的超硬材料聚晶样品，将样品放入样品槽中央并将其插入卡槽，关闭工作舱门。

按“操作指引”指示，单击 X 射线衍射仪软件运行界面的“开始测量”键，弹出“保存所采集的衍射数据”对话框，设置文件保存位置并命名文件后，单击“开始测试”键模拟超硬材料结构测试过程，获得 X 射线衍射仪测得的数据曲线（图 2-16），完成结构测试。

“操作指引”提示“请查看硬度计设备介绍”，按住鼠标右键控制虚拟操作者转身移动到硬度计（图 2-17）前，硬度计呈高亮显示，单击仪器高亮位置，进入硬度计设备介绍界面，在这里我们可以通过文字和图片的形式了解到硬度计的工作原理和测试注意事项等内容，单击“返回”回到实验场景。单击控制计算机显示器开启硬度计和计算机后，双击软件桌面图标，在弹出的“HDS6020 硬度自动计量系统”登录界面输入用户名和密码，单击“登录”进入系统主界面。

单击“建立连接”红色键使软件系统与硬度计建立连接，按键变为“断开连接”绿色键（图 2-18）；将超硬材料聚晶样品置于硬度计载物台上，调节载物台与物镜

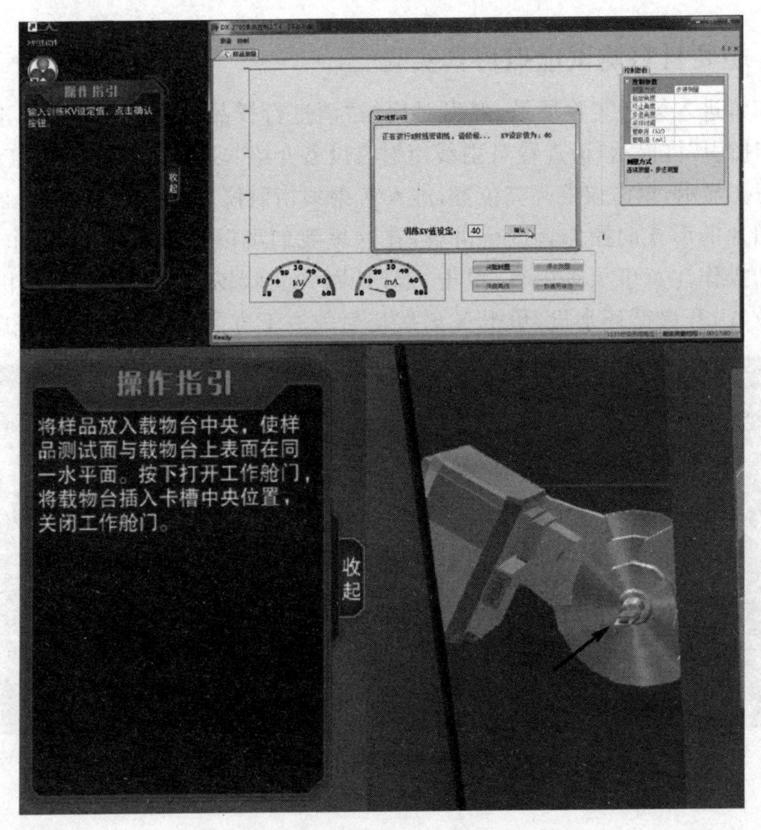

图 2-15　X 射线管训练和卡槽装载样品

请扫Ⅰ页二维码看彩图

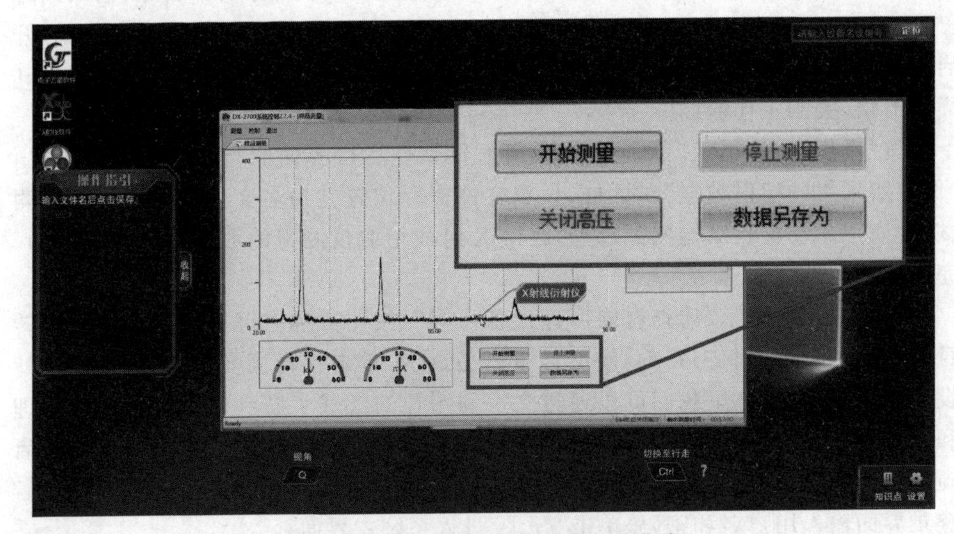

图 2-16　X 射线衍射仪测得的数据曲线

请扫Ⅰ页二维码看彩图

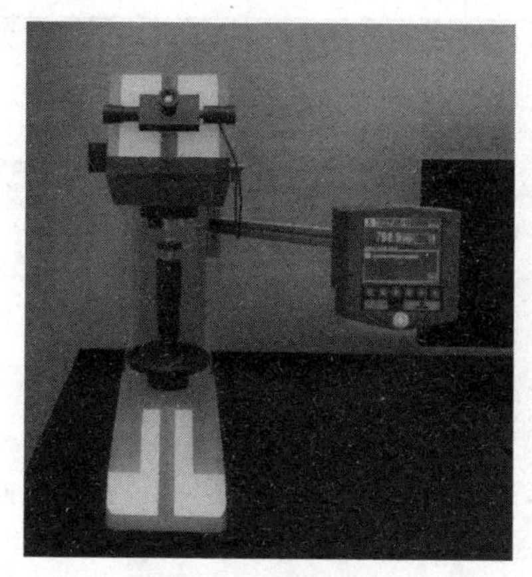

图 2-17　硬度计

请扫 I 页二维码看彩图

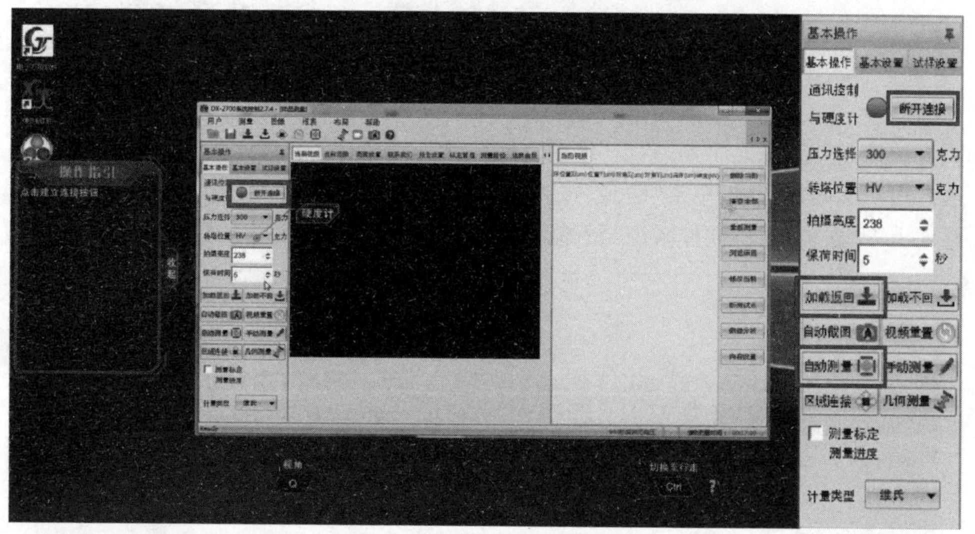

图 2-18　硬度计软件主界面

请扫 I 页二维码看彩图

间的距离进行对焦，直到主界面上显示的图像达到最清晰为止。单击“加载返回”键，物镜转换成金刚石压头，压头向下移动对聚晶样品块施加压力，在样品块表面将得到一个方形压痕，测得压痕对角线尺寸，在“测量结果”栏显示相应的硬度数据(图 2-19)，完成超硬材料硬度测试。

材料硬度测试后，系统将弹出对话框“请到万能试验机前，完成后续测试”，单击“确定”，按住鼠标右键控制虚拟操作者向右转身来到万能试验机前，“操作指引”提示“请查看万能试验机设备介绍”，万能试验机显示高亮状态，单击仪器高亮位置，进入万能试验机设备介绍界面，在这里我们可以通过文字和图片的形式了解到万能试验机的工作原理和抗弯强度测试等内容，单击“返回”回到实验场景。单击

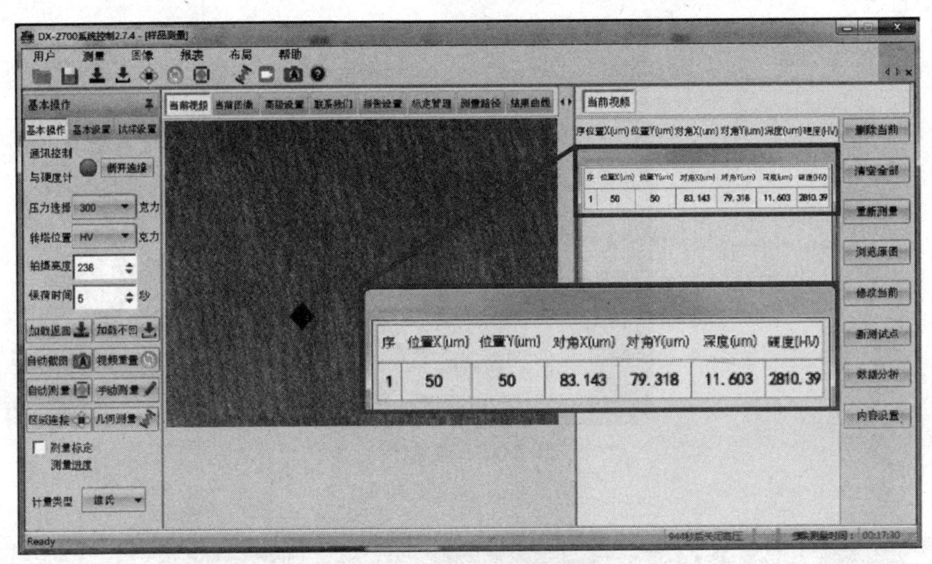

图 2-19 硬度计测试及数据

请扫Ⅰ页二维码看彩图

高亮的控制计算机显示器，双击“电子万能软件”桌面图标，在弹出的“用户登录”界面输入用户代码和密码，单击“确定”进入抗弯强度测试主界面，如图 2-20 所示。单击界面上方“联机”键将软件系统与万能试验机进行连接，该键变为灰色(不可用)状态。

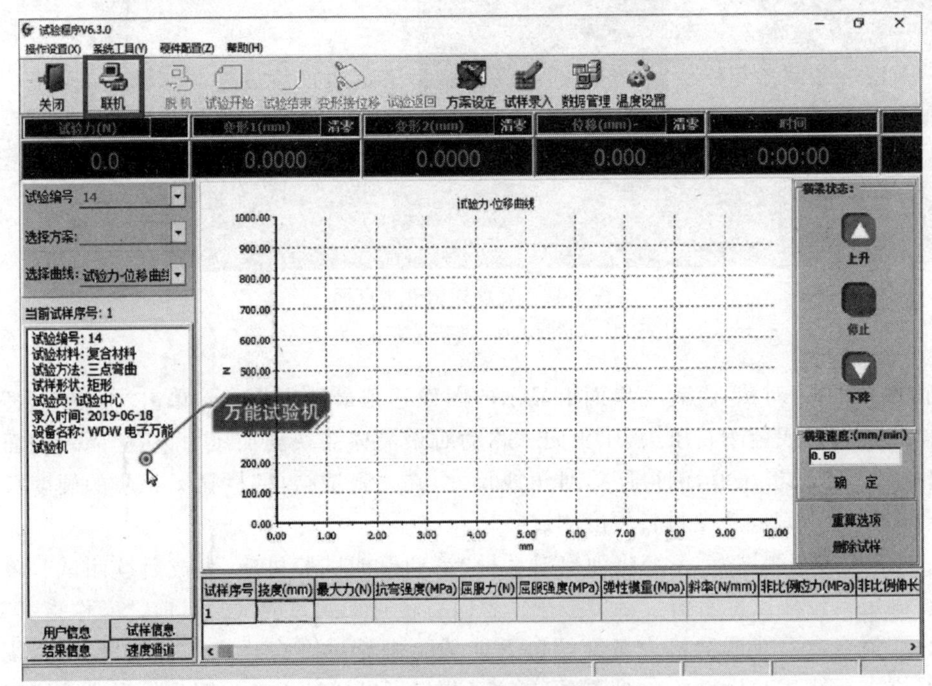

图 2-20 万能试验机软件主界面

请扫Ⅰ页二维码看彩图

单击高亮的样品台,模拟将超硬材料样品置于压具中心位置。如图 2-21 所示,按“操作指引”所示,依次单击控制面板上“50.0”键和“下降”键,选择合适速度与上压头运动方向,待距离聚晶样品上表面 2～3mm 时,单击“停止”键,上压头停止。

图 2-21　调整压具位置

请扫Ⅰ页二维码看彩图

按“操作指引”提示单击“试样录入”键,弹出“参数录入”对话框(图 2-22),在下拉列表中选择合适的试验材料、试验方法、试验编号和试样形状等试验信息,填写试样序号、跨距、宽度和厚度等试样参数,按“保存”键返回主界面。单击“方案设定”键弹出“参数设置”对话框,操作者可在对话框中对测试参数进行设置,设置完毕后单击“关闭”键返回主界面。单击“试验开始”键,上压头继续向下移动,超硬材料聚晶样品断裂(图 2-23),获得测试数据(图 2-24),完成材料的抗弯强度测试过程。

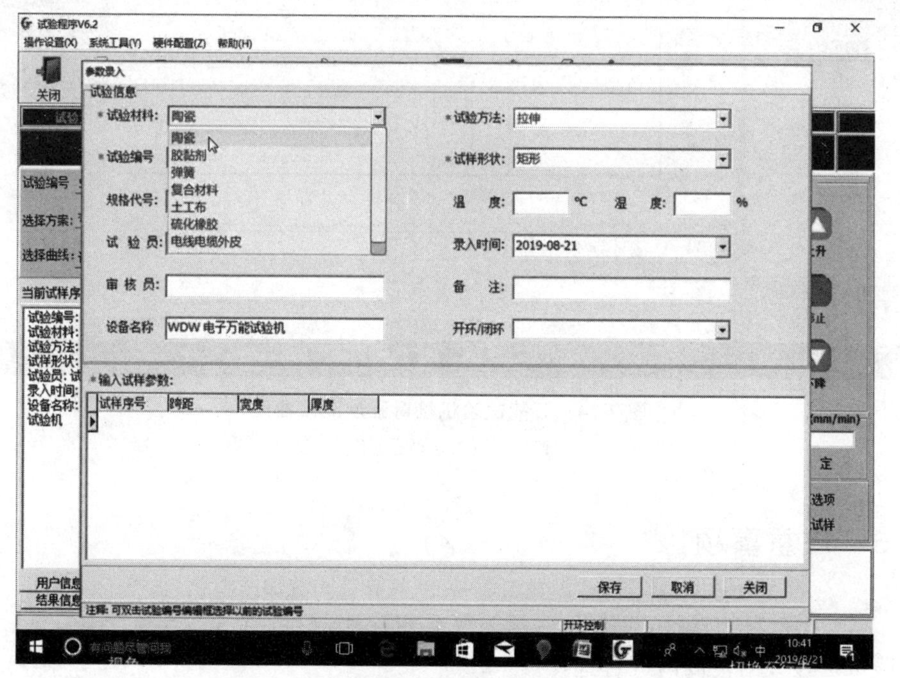

图 2-22　参数设置

请扫Ⅰ页二维码看彩图

图 2-23　超硬材料聚晶样品断裂

请扫Ⅰ页二维码看彩图

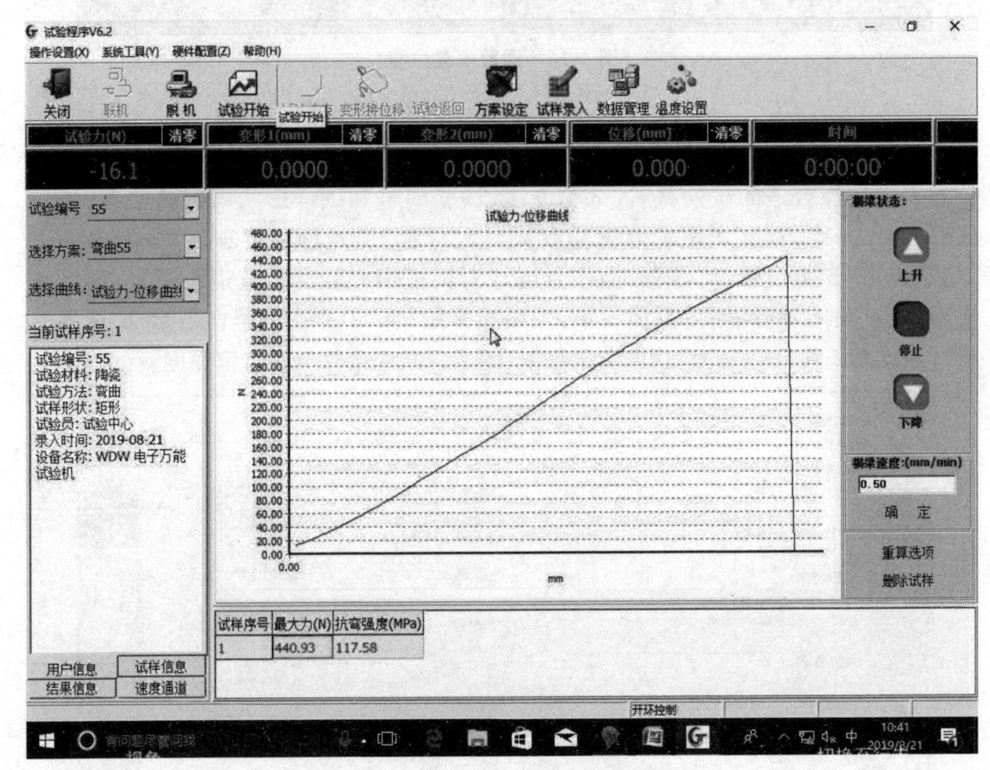

图 2-24　万能试验机抗弯强度测试曲线

请扫Ⅰ页二维码看彩图

2.3　注意事项

(1) 原材料的选择,包括黏结剂的粒度和配比,尽量参考教学实例,在理论和实践可行性大的范围内进行选择。

(2) 混料要尽量保证各组分均匀分布,保证材料的烧结结构和性能。

(3) 在使用国产六面顶液压机时,单击“空进 Forword”前必须确保腔体结构完整。

(4) 在高压实验过程中,禁止靠近六面顶液压机,禁止启动手动模式,未完全卸压禁止回程;六面顶液压机运行期间,禁止触碰控制台面板上的按键。

(5) 画压力曲线时,第一点的横坐标(时间)必须为0s。第一点压力必须大于充液压力。画功率曲线时,第一点的横坐标(时间)禁止为0s,且各工艺曲线不能垂直上升,即不能瞬时升温升压,避免危险。

(6) 合成工艺设置中,保温时间不宜超过30min,根据设备的降温泄压规律,尽量保证有5min的慢泄压过程。

(7) 硬度测试时尽量测试5次以上,取平均值,数据处理中可以使用误差棒。

(8) 学生完成实验过程后,每位学生的实验操作和对应的数据结果均可记录、留存,最终能够汇总到总实验数据库,并能够通过分析指导后续课程讲授及实验实施重点。

2.4 思考题

(1) 简述超高压虚拟仿真实验在物理实验教学中的作用。

(2) 操作四柱液压机对粉体材料进行预压成型要注意什么?

(3) 操作硬度计测试材料硬度的注意事项有哪些?

第二部分

超硬材料刀具的加工

第3章

超硬材料的平面加工

3.1 概述

磨削加工是超硬材料平面加工的常用方式之一，属于切削加工范畴，但又不同于车削、铣削、刨削等加工方法，是一种利用砂轮周边或端面的磨料对工件进行打磨，去除多余材料的微刃切削加工，最终使工件的各项技术指标达到设定要求。在机械加工领域，磨削加工作为主要的加工手段，在生产中应用较为广泛，涉及曲轴磨削、外圆磨削、螺纹磨削、成形磨削、花键磨削、齿轮磨削、圆锥磨削、内圆磨削、无心外圆磨削、刀具刃磨、导轨磨削和平面磨削等加工。

3.1.1 磨削加工的方法分类

通常我们所说的磨削加工大多是指利用砂轮或者砂带对工件表面材料进行去除的工艺方法。根据加工对象的加工要求和工艺目的的差异，磨削加工方式也各不相同，通常可分为以下几类。

1. 根据工具类型分类

根据工具类型，可将磨削加工分为固定磨粒加工和自由磨粒加工两大类，其中，固定磨粒加工又分为固结磨具加工和涂附磨具加工，固结磨具加工包括振动磨削、砂轮磨削、超精磨削和电解磨削等，涂附磨具加工包括研磨和抛光两种；自由磨粒加工又分为研磨、抛光、喷射加工、磨料流加工和弹性发射等方式。

2. 根据砂轮与工件的相对运动关系分类

根据砂轮与工件的相对运动，将磨削加工分为往复式、切入式和综合磨削三种。往复式磨削过程中，砂轮与工件的径向位置保持不变，在砂轮的轴线方向有相对运动，通常这种加工方式的加工质量较好，但加工效率较低。切入式磨削是指砂轮的轴线方向位置保持不变，在砂轮径向上以匀速进给，直至工件尺寸达到预定位置为止的加工方式。切入式磨削方式一般加工效率较高，但加工质量较差。综合磨削将切入式磨削和往复式磨削相结合，先采用切入式磨削方式分段去除工件大量多余部分，再采用往复式磨削方式对工件进行精细加工，进一步去除工件少部分余量，这种加工方式效率较高且加工质量较好。

3. 根据砂轮与工件干涉处的相对运动方向分类

根据砂轮与工件干涉处相对运动方向，又可将磨削加工分为顺磨和逆磨两种方式。其中，顺磨是指砂轮与工件在干涉处的运动方向一致，如图 3-1 中的无心外圆磨削就属于顺磨方式。逆磨是指砂轮与工件在干涉处的运动方向相反，多数磨削加工均采用逆磨方式，如图 3-1 中的外圆磨削和内圆磨削等，这种磨削方式有利于提高磨削速度和加工效率。

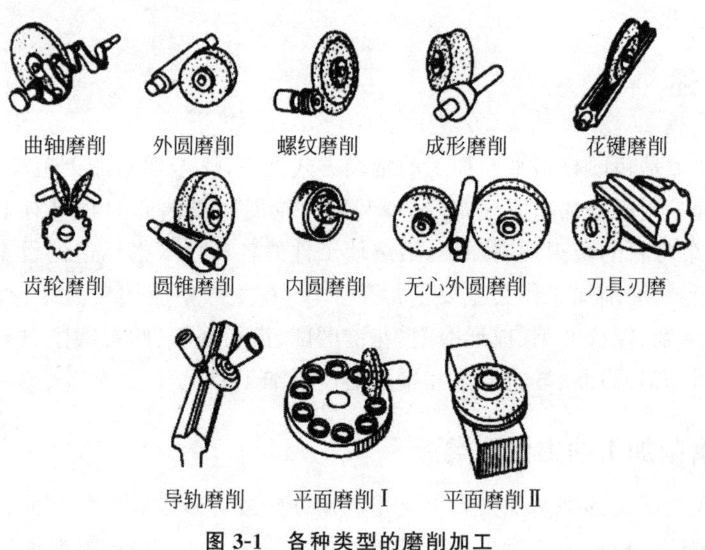

图 3-1 各种类型的磨削加工

3.1.2 砂轮

1. 砂轮的组成

砂轮是磨削加工的主要工具，是由磨料和黏结剂构成的多孔物体。其中，磨料、黏结剂和孔隙是砂轮的三个基本组成要素。随着磨料、黏结剂及砂轮制造工艺等的不同，砂轮的特性也存在较大差别，对磨削加工精度、粗糙度和生产效率有着重要的影响。

1）磨料

磨料是砂轮的主要磨削部分，具有尖锐的棱角，即很小的切削刃，切削加工工件。磨料往往是很硬的材料，通常是化合物，比如碳化硅（金刚砂）、刚玉（三氧化二铝）、金刚石和立方氮化硼等，最常见的是金刚砂砂轮和刚玉砂轮。

2）黏结剂

砂轮的强度、抗冲击性、耐热性及抗腐蚀能力主要取决于黏结剂的性能，根据砂轮的不同用途选用不同的黏结剂，常用的黏结剂种类分别有陶瓷、树脂、橡胶、金属等，其主要作用是通过包裹将磨料黏结在一起，形成具有一定外形和力学性能的砂轮。

3）孔隙

孔隙也是砂轮的主要组成部分，孔隙的目的是减少黏结剂的结合强度，储存磨削下来的磨屑，当小的磨料尖锐部分磨秃了之后，就会由于孔隙导致结合强度降低而剥落，露出新的尖锐的磨粒，利于进一步的磨削加工。

2. 砂轮的分类

1）按黏结剂分类

按照黏结剂的不同分类，常见的有陶瓷（黏结剂）砂轮、树脂（黏结剂）砂轮、橡胶（黏结剂）砂轮、金属（黏结剂）砂轮和硅酸盐（黏结剂）砂轮等。

（1）陶瓷（黏结剂）砂轮。

陶瓷（黏结剂）砂轮是把长石、黏土等无机物与磨粒混合，在1300℃左右的高温下与磨粒烧结制成的砂轮。其硬度和组织的调整都比较简单。这种砂轮气孔率较大，性能稳定，不受环境湿度和气温等影响，耐热性和耐腐蚀性好，遇水、酸、碱和油等均无变化，且加工磨损小，能够很好地保持砂轮的几何外形，因此，在精密磨削和一般磨削加工中都有广泛应用。其缺点是脆性较大，不能承受较大的冲击和振动，弹性差，磨削加工时易因切削量大摩擦发热，造成工件表面灼伤，工件难以达到镜面光洁度。

（2）树脂（黏结剂）砂轮。

该类砂轮所使用的黏结剂有天然树脂黏结剂和人造树脂黏结剂两种。天然树脂（黏结剂）砂轮是以天然树脂虫胶为原料，在170℃左右熟化后与磨粒按一定配比制成的砂轮，砂轮黏结力弱，因此不能用于重负荷磨削，主要用于精磨加工。人造树脂（黏结剂）砂轮是用酚醛树脂在200℃左右的温度下与磨粒烧结而成的。与陶瓷黏结剂砂轮相比，其弹性和抗拉强度较大，强度高耐冲击，可用于高速磨削加工，磨削效率高，但耐热性和耐腐蚀性较差，通常用来制作切断砂轮、轧辊磨削砂轮及铸件清理砂轮。

（3）橡胶（黏结剂）砂轮。

橡胶（黏结剂）砂轮是以天然或人造橡胶为主体，在180℃左右的温度下与磨粒熔合而成的。其具有较强的弹性和强度，适用于薄片砂轮，磨削振动小，加工表面不易灼伤且光洁度较高，但抗热、抗油能力差，因此在加工中必须合理使用磨削液。

（4）金属（黏结剂）砂轮。

金属（黏结剂）砂轮是以天然或人造金刚石为磨粒，以铜、镍或铁等黏结剂烧结而成的砂轮。

（5）硅酸盐（黏结剂）砂轮。

硅酸盐（黏结剂）砂轮是以硅酸钠（水玻璃）为主要成分，与磨粒在600～1000℃烧结而成的砂轮。同陶瓷黏结剂砂轮相比，其结合力较弱，在磨削加工中硅酸钠溶解后可起润滑作用，不适用于粗磨加工；但工件磨削热较少，适用于工具刃磨和接触面积大的平面磨削。

2）按砂轮形状分类

按照砂轮形状分类，可将砂轮分为平形砂轮、斜面砂轮、薄形砂轮、筒形砂轮、碗形砂轮和碟形砂轮等。

(1) 平形砂轮。

平形砂轮(图 3-2)的使用范围较广，根据尺寸的不同，可用于内圆磨、外圆磨、平面磨、无心磨或砂轮机上进行手动粗磨，为各种铸钢、铸铁专用砂轮。

(2) 斜面砂轮。

斜面砂轮(图 3-3)是指由黏结剂将普通磨料固结成磨削面带有一定倾角，并具有一定强度的固结磨具，在磨削加工中主要用于磨齿轮或单头螺纹。

图 3-2 平形砂轮

图 3-3 斜面砂轮

(3) 薄形砂轮。

薄形砂轮(图 3-4)厚度较小，通常采用特殊材料提高强度，以实现工件的精准切割。主要应用在角铁、钢筋、管道、不锈钢和混凝土等材料的切断和磨槽加工。

(4) 筒形砂轮。

筒形砂轮(图 3-5)主要是适用于端磨平面或刃磨刀具，在锻、铸领域的粗磨加工中较为常见，砂轮以外圆周为工作面，具有磨削速度快、稳定性高等特点。

图 3-4 薄形砂轮

图 3-5 筒形砂轮

(5) 碗形砂轮。

碗形砂轮(图 3-6)主要用于铸件平面加工、刃磨铣刀、铰刀、拉刀、盘行车刀、扩孔钻、磨道轨的平面、磨削道叉等。

(6) 碟形砂轮。

碟形砂轮(图 3-7)主要用于磨削工具类材料,如刀具、钻具等的刃磨加工。

图 3-6　碗形砂轮

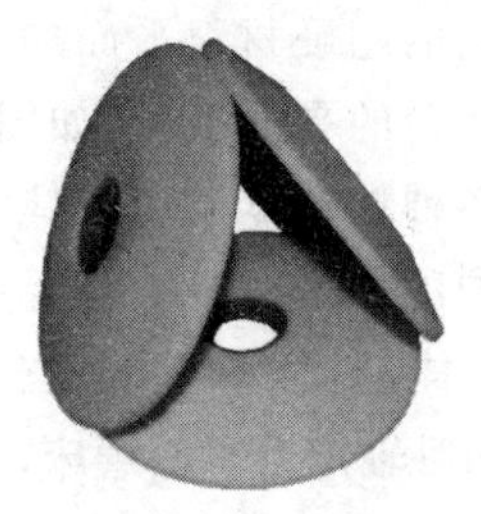

图 3-7　碟形砂轮

平面磨削所使用的砂轮通常选用平形砂轮,将工件固定于工作台上,并随工作台作直线往复运动,使用砂轮圆周或端面对工件表面进行磨削加工。用砂轮周边磨削工件平面的加工称为周边磨削方式,用砂轮端面磨削工件平面的加工称为端面磨削方式。如图 3-8 所示,其中图(a)和图(b)是周边磨削方式,图(c)和图(d)为端面磨削方式,图中参数如下:

v_w——工件进给速度,单位 mm/min;

v_s——砂轮圆周速度,单位 mm/min;

f_a——轴向进给量,单位 mm/r;

f_r——径向进给量,单位 mm/r;

L——工件长度,单位 mm;

W——工件宽度,单位 mm;

D——砂轮直径,单位 mm。

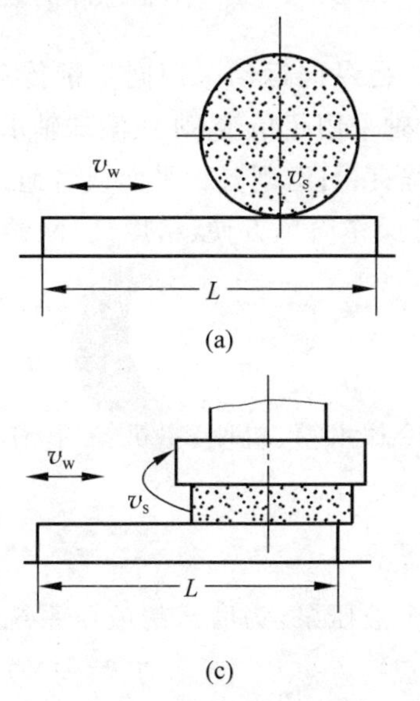

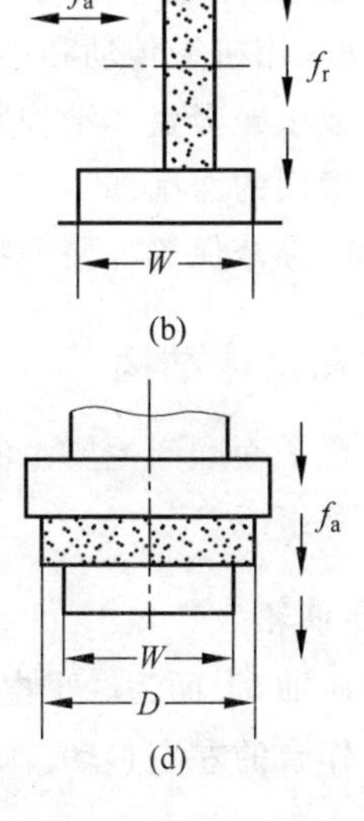

图 3-8　平面磨削运动

3.2 平面加工设备——卧轴矩台平面磨床

本章介绍的超硬材料平面加工设备为卧轴矩台平面磨床,即带有卧式磨头主轴和矩形工作台的平面磨床,如图 3-9 所示。此类磨床以周边磨削方式进行加工,适宜于磨削各种精密零件和模具,可供机械加工车间、机修车间和工具车间作精密加工使用。中国传统的卧轴矩台平面磨床是从苏联引入并改进的 M71 系列,其特点是磨床主轴侧挂,主轴采用轴瓦支承,适合粗加工重切削。近年来欧美国家更流行十字鞍座结构的卧轴矩台平面磨床,主轴采用精密精珠轴承支承,更适合于精密磨削。

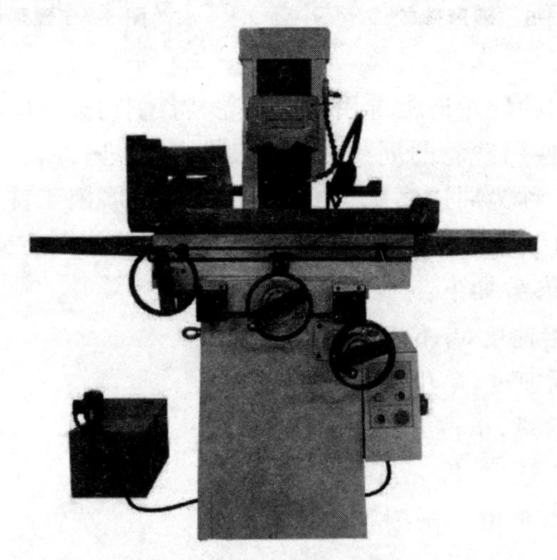

图 3-9 M618A 型手动平面磨床

请扫Ⅰ页二维码看彩图

以 M618A 型手动平面磨床为例,工作台纵向运动采用同步带传动或液压传动,横向运动采用机械传动和手动传动,主轴采用超精密 P4 级滚珠轴承,配有全套附件及电磁或永磁吸盘。结构紧凑、性能优良,可磨削各种平面或者通过砂轮修形进行复杂成形面的磨削加工。该机床具有操作简单方便、精度高、刚性好、热稳定性好、噪声低、维修保养方便等特点。

3.2.1 平面磨床结构

卧轴矩台平面磨床主要由液压油箱、冷却水箱、机座、主机箱、操作面板、移动手轮和机头等组成。

1. 液压油箱

内装液压油,上面为一个电机带动一个液压泵,为磨床的液压系统提供动力,主要用于工作台的左右移动。

2. 冷却水箱

内装循环冷却液，一般为乳白色的冷却液，使铁或者钢材不会生锈。开启砂轮同时开启冷却液泵，手动开启冷却液阀后，冷却液将从喷头排出，在加工过程中对砂轮和工件进行降温和冲洗，废料将随冷却液流回箱体内，过滤后可循环使用。

3. 机座

机床的主机架，除了液压油箱和冷却水箱，其他组件都安装在机座上。

4. 主机箱

主机箱为机床提供总电源，在操作前要将开关打开到“ON”挡。

5. 操作面板

操作面板有控制各个功能的开关，主要由电源指示灯、主轴启动按钮、主轴停止按钮、冷却液开关和急停按钮组成，具有结构简单、操作方便灵活等特点。

6. 移动手轮

通过手动方式移动工作台沿 Y 轴方向（前后）、X 轴方向（左右）运动，或控制砂轮在 Z 轴方向（上下）移动，如图 3-10 所示。

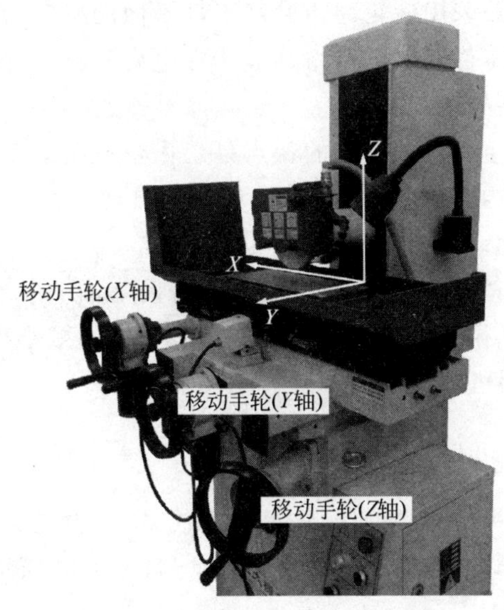

图 3-10 各轴移动手轮与移动方向

请扫Ⅰ页二维码看彩图

7. 机头

安装砂轮且作上下移动的部分。

8. 机床的磨头主轴结构

磨头主轴由 P4-7206 轴承前后支承，磨头壳体 6 个支头螺钉需定期检查，拧紧以保持主轴外处于坚固状态。

9. 机床的磨头升降结构

磨头升降通过手柄的转动同两螺旋伞齿轮的啮合运动传给丝杆与螺母，使得磨头作升降移动。通过两个小圆螺母，调节弹簧弹力，使得两个螺旋伞齿轮的啮合始终处于良好的状态。

10. 工作台纵向运动机构

转动手轮，通过同步带轮与同步带的齿形啮合，把运动传递给同步带，牵引着工作台作纵向移动。通过调整工作台右端的调整螺栓来调节同步带的松紧，直至摇动手轮时，工作台移动平稳，无异常。

11. 拖板横向进给机构

拖板横向进给运动是通过丝杆和螺母的啮合把运动传给轴承座，带动拖板运动调节螺母上的内六角螺钉，可以调节丝杆与螺母之间的轴向间隙。

3.2.2 平面磨床原理

本书使用的机床系采用砂轮周边磨削工件平面的机床，亦可使用砂轮的端面磨削工件垂直面。按工件的不同可将其吸牢在电磁吸盘上，或直接固定在工件台上，亦可用其他夹具夹持磨削。

本书使用的机床主要部件运动的特点是工作台纵向运动为液压驱动，磨头在拖板上的横向运动也为液压驱动，亦可手动，并有自动互锁装置。拖板（连同磨头）在立柱上，上下垂直运动具有手动进给和机动进给（快速升降）功能，并有互锁装置。升降丝杆为滚珠丝杆，操纵轻便灵活。床身内部油池中的回油点与进油点的距离路线最长，液压油循环流动，有效控制了油液升温，减小机床的热变形。本机床精度稳定，刚性好，性能稳定可靠，易于保养和维修。

3.2.3 平面磨床控制面板

平面磨床控制面板结构简单，操作灵活方便，主要由电源指示灯、主轴启动按钮、主轴停止按钮、冷却液开关和急停按钮组成，如图 3-11 所示。

1. 电源指示灯

平面磨床使用的是 380V 工业电压，开启墙壁电源后，电源指示灯亮，表明当前设备供电正常，可进行后续的磨削加工操作。

2. 主轴启动按钮

利用上下手轮将砂轮移动到适当位置后，按动主轴启动按钮，砂轮将按照特定的转速高速旋转，可对工件进行磨削加工。

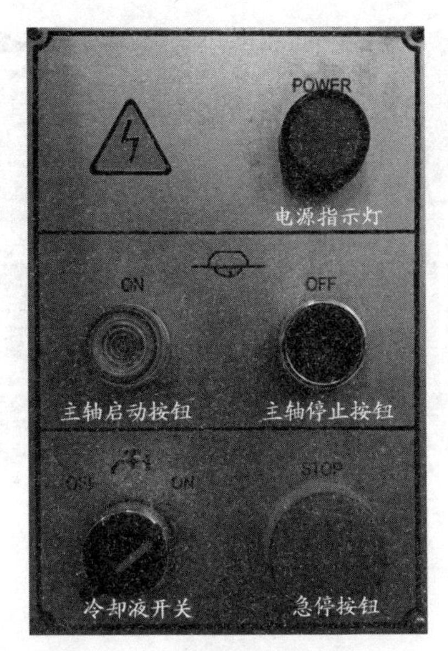

图 3-11　平面磨床控制面板

请扫 I 页二维码看彩图

3. 主轴停止按钮

当对磨削加工完成或需要更换工件时，需按动主轴停止按钮，砂轮将减速旋转直至停止。

4. 冷却液开关

在磨削加工过程中，会产生大量的热量，使砂轮和工件的温度升高，这时需要开启冷却液进行冷却。当将旋钮置于“ON”处，按下主轴启动按钮的同时，启动冷却液泵，砂轮高速旋转的同时有冷却液喷出；当将旋钮置于“OFF”处，在加工过程中将不能启动冷却液泵。

5. 急停按钮

当磨削加工停止或在加工过程中出现异常情况时，可按下急停按钮，此时，砂轮主轴将减速直至停止，冷却液泵停止运行，工作台将停止自动往复运动，仅电源指示灯亮；当需要继续加工或异常解除后，顺时针方向转动急停按钮，按钮将弹出，仅工作台恢复自动往复运动。启动主轴和冷却液泵，需再次按动主轴启动按钮。

3.2.4　平面磨床电动装置

电动装置（控制盒）由电源开关、X 向调速旋钮、X 向手动/自动旋钮、Y 向进给量旋钮、Y 向换向旋钮和 Y 向手动/自动旋钮等组成，主要用来调节工作台在 X 向和 Y 向的运动参数，如图 3-12 所示。

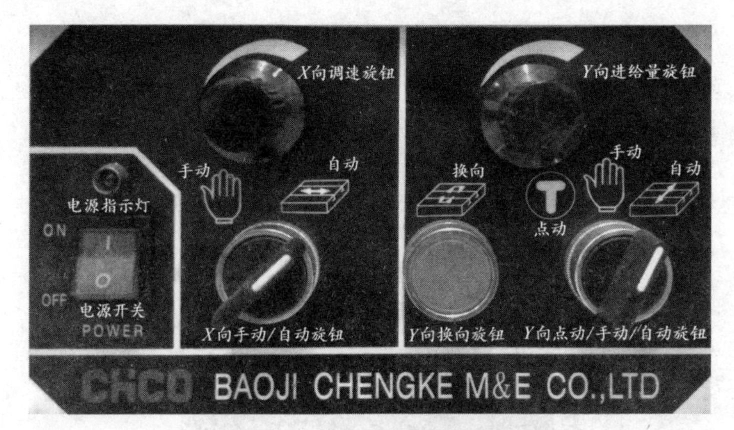

图 3-12　平面磨床电动装置

请扫Ⅰ页二维码看彩图

1. 电源开关

电源开关上“ON”表示开，“OFF”表示关，“ON”时开关上部会有红色指示灯亮。

2. “*X* 向手动/自动”旋钮及“*X* 向调速”旋钮

(1) “*X* 向手动/自动”旋钮转到左边，*X* 向工作台运动为手动方式，转到右边则为自动方式，磨床工作台自动左右移动，当工作台上的感应板每感应一次，工作台立即开始换向，如此往复运动，操作者可根据工作需要任意转换。

(2) 自动方式工作中，转动“*X* 向调速”旋钮可以改变工作台左右运动速度，可根据加工需要进行调节。

3. *X* 向(左右)工作台运动方向的确定

(1) 若控制盒电源开关由“OFF”按到“ON”后，“*X* 向手动/自动”旋钮首次从“手动”打到“自动”，或者该旋钮已经在“自动”时，*X* 向手轮逆时针转动，工作台向左运动，注意开机时将工作台置于右侧。

(2) 若已通电工作中，将“*X* 向手动/自动”旋钮从“自动”打到“手动”后工作台停止左右运动，再打到“自动”时，工作台将继续停止前的动作。

4. “*Y* 向换向”按钮、“*Y* 向点动/手动/自动”旋钮及“*Y* 向进给量”旋钮

(1) “*Y* 向点动/手动/自动”旋钮开关转到“点动”时，工作台向前或者向后运动，手松开旋钮后，恢复到手动状态，工作台停止运动。

(2) “*Y* 向点动/手动/自动”旋钮开关转到“手动”时，工作台前后运动完全手控。

(3) “*Y* 向点动/手动/自动”旋钮开关转到“自动”时，工作台前后运动完全处于自动状态，当工作台左右换向时，前后方向自动进给一定距离，进给量由操作者通过“*Y* 向进给量”旋钮进行调节，换向位置由 3 槽 T 形槽板上中间的两个换向撞块的位置决定。

(4) 若 Y 向(前后)处于自动工作方式状态时,可人为改变工作台运动方向(不需要通过撞块),按下“Y 向换向”按钮一次,当前方向就改变一次。

3.2.5　平面磨削加工过程

经过国产六面顶液压机高温高压烧结制备出的金刚石整体片毛坯料(以下称为工件),经游标卡尺测量确定样品尺寸为直径 12.40mm,厚 4.80mm,如图 3-13 所示。以此工件为例,对其进行平面磨削加工。

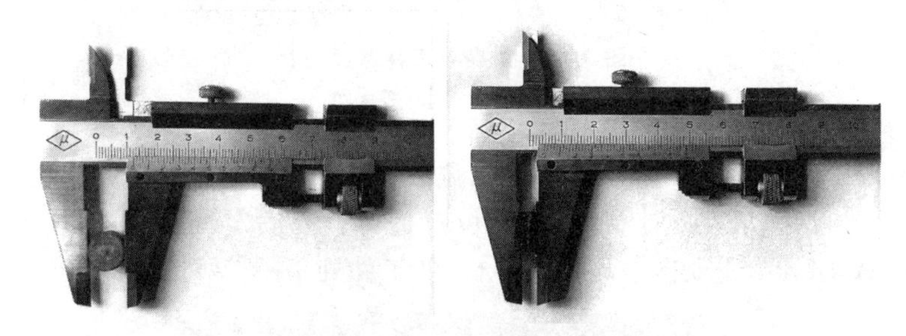

图 3-13　测量金刚石整体片工件尺寸

(1) 加工前,用干净的清洁布将工作台上的防锈油擦净。

(2) 根据工件材质选择合适规格的砂轮,安装砂轮并调整砂轮平衡,如图 3-14 所示。安装时,一定要紧固砂轮,避免加工过程中砂轮松动发生危险。

图 3-14　安装砂轮

请扫Ⅰ页二维码看彩图

(3) 使用金刚石笔修整砂轮底面,或于需要时修整其侧面。金刚石笔用固定架衔住,禁止用手拿金刚石笔修整砂轮。

(4) 快速顺时针(“UP”)转动上下进给手轮,把砂轮升高,再次将工作台擦拭干净后,开启工作灯并逆时针转动 X 向进给手轮,将工作台向左侧移动,使工件的安放位置远离砂轮,便于安置工件。

(5) 装夹工件时,需提前去除毛刺,选择适当厚度和开口尺寸的夹具,通常所选夹具厚度要小于工件厚度,如图 3-15 所示。开口尺寸以能夹紧工件为宜,防止加工过程中工件被弹出。

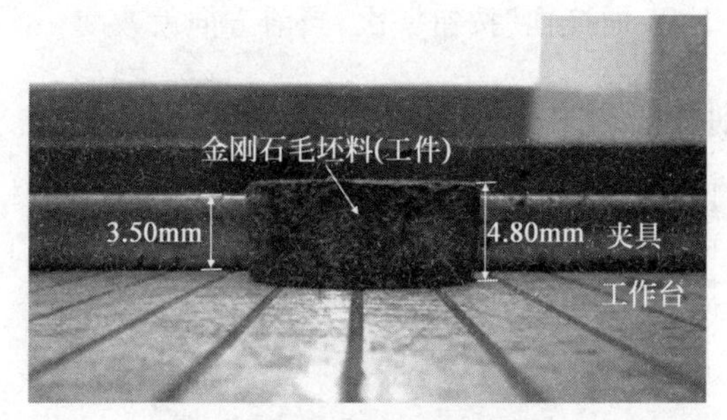

图 3-15 夹具与工件厚度对比

请扫Ⅰ页二维码看彩图

(6) 把工件轻置于工作台适当加工位置,夹具置于工件两侧并夹紧工件。如图 3-16 所示,将六角扳手拧到“ON”的位置进行上磁固定,确认工件被吸牢后,顺时针转动 X 向进给手轮向右移回工作台,使工件处于砂轮下方。

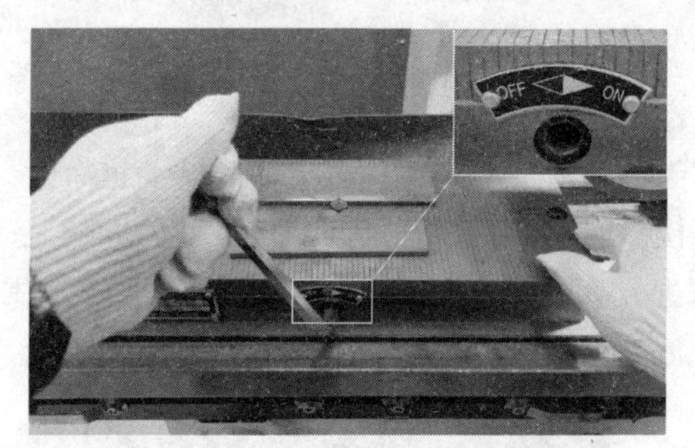

图 3-16 工作台上磁固定工件

请扫Ⅰ页二维码看彩图

(7) 调整工作灯位置,将控制面板的“急停”按钮顺时针转动 90°,按钮弹出。按动“主轴启动”(白色)按钮,砂轮随主轴高速转动。

(8) 快速逆时针转动上下进给手轮(“DOWN”)降低砂轮,待砂轮接近工件上表面,按手轮刻线量度缓慢降低砂轮,直至听到轻微摩擦声为止,开启冷却液泵和冷却液阀,使适量冷却液排出,对砂轮和工件进行冷却和冲刷。

(9) 根据工件长度和宽度,通过调整 X 向进给手轮和 Y 向进给手轮,确定工作台的运动范围,并固定好 X 向和 Y 向的往复限位挡铁和行程开关至适当加工位置(图 3-17)。

(10) 按动电动装置(控制盒)电源开关至“ON”位置,开启控制盒,将 X 向手动/自动旋钮和 Y 向手动/自动旋钮转到“自动”位置,并调节 X 向调速旋钮和 Y 向进给量旋钮至适合加工位置,工作台水平运动进入自动模式。

(11) 根据具体磨削情况,逆时针(“DOWN”)缓慢转动上下进给手轮,缓慢进给砂轮,磨削进给量要均匀,且只有当砂轮摆动离开工件时方可进刀。

图 3-17　往复限位挡铁和行程开关

请扫Ⅰ页二维码看彩图

(12) 进入正常磨削加工时,需选择适当的磨削用量进行加工;精磨时纵向进给量要小,无进给量的空行程次数要足够多,且不留砂轮走刀的痕迹。

(13) 待工件一次磨削加工结束后,按动“急停”按钮,砂轮停止运转,工作台停止运动。转动 X 向进给手轮,将工作台移至外侧,拆卸工件及垫块。

(14) 磨削结束后,修钝工件各棱边、毛刺,并把油污、磨削、水分等污渍擦拭干净,涂油防锈。

3.3　注意事项

(1) 了解电动工具的性能及操作方法,避免不正确的使用可能带来的人身伤害。

(2) 保持工作台面的清洁,工作台面的杂乱很可能引起事故。

(3) 仔细检查砂轮表面是否有闷缝或者裂纹等缺陷。

(4) 首次使用或长久未用电机,应检查电机绝缘性能及三相直流电阻是否良好,方可通电。

(5) 随时检查吸盘吸力是否有效、工件是否吸牢,防止飞物伤人。

(6) 使用纵横自动进刀时,应首先将行程保险挡铁调好、紧固。

(7) 磨削时,使砂轮逐渐接触工件,使用冷却液时要装好挡板及防护罩。

(8) 实验人员和参观者观察机床运行时,注意与刀具和工件保持一定距离。

(9) 砂轮机开动后,要空转 2～3min,待砂轮机运转正常时才能使用,进行磨削时,应侧位操作,禁止面对着砂轮圆周进行磨削。

(10) 砂轮不准沾水,要经常保持干燥,以防止湿水后失去平衡,发生事故。

(11) 长发操作者需要戴帽观察,严禁穿拖鞋和松散衣物,以免头发、衣物等卷进砂轮主轴造成人身危险,养成按规程操作的好习惯。

(12) 机器工作时人不允许离开。切断电源后,机器完全停止运动,人方能离开。

3.4 思考题

(1) 卧轴矩台平面磨床的加工特点有哪些?

(2) 如何确定卧轴矩台平面磨床加工时的运动范围?

第4章

超硬材料的切割加工

4.1 概述

超硬材料经过平面磨床磨削加工后，根据应用和后期加工需要将其进一步切割成符合条件的毛坯块。由于超硬材料高强度、高硬度和高熔点的特性，传统的切割设备无法对其进行加工。随着制造业的发展，作为制造技术重要方法之一的特种加工技术已经在工业生产中得到了广泛的应用。特种加工也被称为非传统加工或非常规机械加工，与车、铣、磨、刨等通过刀具与工件相对运动以机械能实现加工的传统方式不同，它泛指利用电能、光能、化学能、热能和声能等能量去除或增加材料的加工方法。本章将介绍两种分别以电能和光能为主要能量实现超硬材料切割加工的特种加工技术，分别为电火花加工和激光加工。

电火花加工属于电加工范畴，是由苏联莫斯科大学教授拉扎连科夫妇研究开关触点受火花放电腐蚀损坏的现象和原因时，发现电火花的瞬时高温可以使金属的局部熔化、氧化而被腐蚀掉，从而开创了电火花加工方法。依据该方法，苏联于 1960 年发明了线切割机，我国是第一个将电火花线切割用于工业生产的国家。

电火花加工的基本物理原理是自由正离子和电子在场中积累，很快形成一个被电离的导电通道。在这个阶段，两板间形成电流，导致粒子间发生无数次碰撞，形成一个等离子区，温度很快升高到 8000℃以上，在两导体表面瞬间将材料熔化。同时，由于线切割液的汽化，形成气泡，且其内部压力上升，然后电流中断，温度突然降低，引起气泡内向爆炸，产生的动力把熔化的物质抛出弹坑，然后被腐蚀的材料在线切割液中重新凝结成小的球体，并被线切割液排走，从而实现导电材料加工，使之成为符合尺寸、大小、形状及精度要求的产品。

按走丝速度，可将电火花线切割机分为高速往复走丝电火花线切割机（俗称快走丝）、低速单向走丝电火花线切割机（俗称慢走丝）和立式自旋转电火花线切割机三类。按工作台形式不同，又可分成单立柱十字工作台型和双立柱型（俗称龙门型）。目前，快走丝线切割技术的发展已走向明朗化，在保持往复走丝线切割优点的基础上，不断探索和研究，把新的理论、新的方法应用到新的系统中。新一代控制系统将会更稳定、更实用、更简单、更方便。

电火花线切割机作为特种加工中的常用设备,利用线状电极通以高频脉冲电流产生火花放电进行切割,加工时,将电极丝接电源负极,工件接电源正极,可实现直线插补和圆弧插补等功能。切割的材料通常是具有高强度、高硬度、导电性能良好等特性的精密或复杂的工件,如各类模具、电极、淬火钢、硬质合金、铝合金和不锈钢等。电火花线切割机的加工具有以下特点:

(1) 利用电蚀原理对工件进行切割加工,电极丝与工件之间无接触,因而作用力小,工件的变形小;

(2) 电火花线切割机已实现自动化控制,通过数控系统编制程序即可完成形状复杂工件的加工,且加工周期短;

(3) 电火花线切割机直接利用电、热进行加工,电极丝细而不易磨损腐蚀,可通过调节加工参数(如脉冲间隔、脉冲宽度和电流强度)提高加工精度;

(4) 电火花线切割机不能加工非导电材料。

可见,使用电火花线切割机进行加工具有一定的局限性,要求切割工件必须为导电性良好且质地均匀的硬质材料,而某些超硬材料制品并不具备导电性或导电性较差,对于这部分材料的切割加工,我们通常会选用另外一种特种加工方式——激光切割加工。

激光的中文名又叫作“镭射”,是其英文名 Laser 的译音,取自于英文 Light Amplification by Stimulated Emission of Radiation 各单词的首字母组成的缩写词,意思是“受激辐射的光放大”。“激光”这一概念可以追溯到 20 世纪初,1905 年,爱因斯坦首次提出光量子假说,开启了人们对激光理论的初步了解和探讨;1917 年,爱因斯坦又提出了受激辐射理论——在组成物质的原子中,有不同数量的电子分布在不同的能级上,处于高能级的电子在光子的激发作用下,向低能级跃迁时,辐射出和激发光子位相、频率、传播方向以及偏振状态等全相同的光子。受激辐射理论加速了激光理论的成熟和发展。1960 年,美国加利福尼亚州休斯实验室的科学家梅曼宣布获得了波长为 0.6943μm 的激光,这是人类有史以来获得的第一束激光;两个月后,梅曼在前期工作的基础上发明出全世界第一台红宝石固态激光器。此后数十年间,激光在各个领域的应用得以迅速发展。

由于激光具有亮度高、相干性好、单色性好和方向性好等优点,可将激光的能量汇聚集中在某个很小的区域,因此,随着激光技术的发展,人们开始探索高能量激光在加工领域的应用。20 世纪 70 年代,大功率激光开始应用于工业生产。经过多年技术的发展和激光与材料相互作用的深入研究,激光加工已经成为当前工业加工领域重要的技术手段之一。

激光加工是指高能量激光光束作用于工件表面,使工件改性或发生形变的过程,具有无接触、无污染、低噪声和易于智能操作等技术特点。激光加工分为激光热加工和激光光化学反应加工两大类。其中激光热加工发展较为成熟,广泛应用于工件的切割、打标、刻槽和打孔等加工过程。

超硬材料切割加工中所使用的激光切割机利用激光热加工技术，引入数控系统，通过丝杠运行使激光光束和工件发生相对位移，即可依照预先设计对金属和非金属材料进行切割加工。在加工过程中，激光刀头的机械部分与工件无接触，工作时不会对工件表面造成划伤；激光切割速度快，切口光滑平整，一般无需后续加工；切割热影响区小，板材变形小，切缝窄；切口没有机械应力，无剪切毛刺；加工精度高，重复性好，不损伤材料表面；数控编程，可加工任意的平面图，可以对幅面很大的整板切割，无需开模具，经济省时。近十几年来，我国的激光切割机发展得比较快，应用领域涉及手机、计算机、钣金加工、金属加工、电子、印刷、包装、皮革、服装、工业面料、广告、工艺、家具、装饰、医疗器械等众多行业。

4.2　切割加工设备——电火花线切割机

本章线切割设备以NHT7720F型电火花线切割机为例进行介绍，如图4-1所示。NHT7720F型电火花线切割机控制系统采用微处理器模块化设计，轨迹控制系统、放电控制系统和机床动作系统分别采用独立的单片机控制，数字设定程序，可靠性好。本机配置了多功能手操器，使加工、开停机、高频、运丝和水泵开停等主要功能均可通过手操器来完成，操作方便快捷。精密导轮组件采用双轴承结构，半封闭式油孔实时润滑方式，有效解决了导轮装配质量带来的运转时周期性卡组的问题。工作台行程为170mm×215mm，最大切割厚度可达300mm。经改进后的新型特制电源，采用自适应电路，可以同时满足切割普通金属和超硬材料（金刚石和立方氮化硼等）的需求，在切割普通金属时可以自由调整加工脉冲源参数；在切割超硬材料时固化了加工所需的最佳脉冲源参数，操作者可根据需要设定功放管数量，即可进行可靠、稳定加工。

图4-1　NHT7720F型电火花线切割机

请扫Ⅰ页二维码看彩图

4.2.1 电火花线切割机结构

电火花线切割机床由机械、电气和工作液系统三大部分组成。

1. 机械部分

线切割机床机械部分是基础,其精度直接影响机床的工作精度,也影响电气性能的充分发挥。机械系统由机床床身、坐标工作台、运丝机构、线架机构、锥度机构、润滑系统等组成。机床床身通常为箱式结构,是各部件的安装平台,而且与机床精度密切相关。坐标工作台通常由十字拖板、滚动导轨、丝杆运动副、齿轮传动机构等部分组成,主要是通过与电极丝之间的相对运动来完成对工件的加工。运丝机构是由储丝筒、电动机、齿轮副、传动机构、换向装置和绝缘件等部分组成,电动机和储丝筒连轴连接转动,用来带动电极丝按一定线速度移动,并将电极丝整齐地排绕在储丝筒上。线架分为单立柱悬臂式和双立柱龙门式。单立柱悬臂式分上下臂,一般下臂是固定的,上臂可升降移动,导轮安装在线架上,用来支撑电极丝。锥度机构可分为摇摆式和十字拖板式结构。摇摆式是上下臂通过杠杆转动完成,一般用在大锥度机上。十字拖板式通过移动使电极丝伸缩来完成,一般适用于小锥度机。润滑系统用来缓解机件磨损,提高机械效率,减轻功率损耗,可起到冷却、缓蚀、吸振、减小噪声的作用。

2. 电气部分

电气部分包括机床电路、脉冲电源、驱动电源和控制系统等。机床电路主要控制运丝电动机和工作液泵的运行,使电极丝对工件能连续切割。脉冲电源提供电极丝与工件之间的火花放电能量,用以切割工件。驱动电源也叫作驱动电路,由脉冲分配器、功率放大电路、电源电路、预放电路和其他控制电路组成。是提供电源给步进电机供电的专用电源,用来实现对步进电机的控制。控制系统主要是控制工作台拖板的运动(轨迹控制)和脉冲电源的放电(加工控制)。

3. 工作液系统部分

工作液系统一般由工作液箱、工作液泵、进液管、回液管、流量控制阀、过滤网罩或过滤芯等组成。主要作用是集中放电能量、带走放电热量以冷却电极丝和工件、排除电蚀产物等。

4.2.2 电火花线切割机原理

电火花线切割机(图 4-2)利用移动的金属丝作为工具电极,并在金属丝和工件间通以脉冲电流,利用脉冲放电的腐蚀作用对工件进行切割加工。脉冲电源发出连续的高频脉冲电压,加到工件电极(工件)和工具电极(钼丝、铜丝等)上,在电极丝和工件之间加有足够的具有绝缘性的工作液。金属丝向工件切割位置靠近,当钼丝与工件的距离小到一定程度时,在脉冲电压的作用下,金属丝与工件之间的空气或工作液被击穿，形成瞬时电火花放电，产生瞬时高温，使工件表面局部熔化，甚至汽化，加上工作液的冲洗作用，使金属被蚀除下来，实现切割加工，随着工作台上工件按照既定切割路径的不断进给，从而实现所需工件轮廓的切割。由于电极丝筒（即储丝筒）带动电极丝交替作正反向高速移动，一般走丝速度可达 8～10m/s，所以钼丝被腐蚀得很慢，使用时间较长。

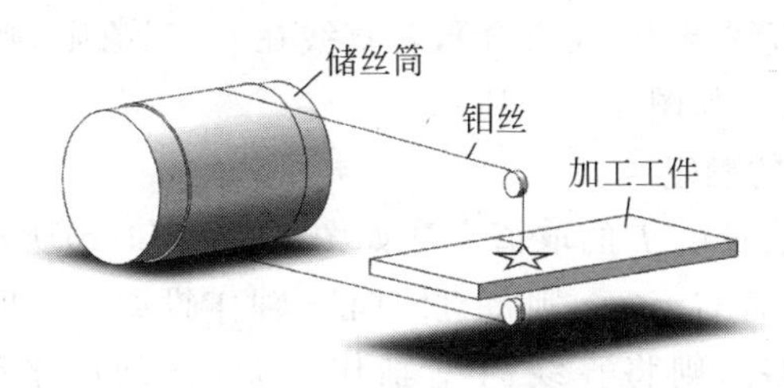

图 4-2 电火花线切割机机械原理图

4.2.3 3B 代码编程

在利用电火花线切割机进行切割加工前，要将切割的图形编写成一定格式的程序代码。目前快走丝电火花线切割机的程序代码有 3B 程序代码和 ISO 程序代码。其中 3B 程序代码是国产数控电火花线切割机最常用的格式之一，在我国数控领域应用较为广泛。

1. 3B 程序代码格式

3B 程序代码格式见表 4-1。

表 4-1 3B 程序代码格式

B	X	B	Y	B	J	G	Z
分隔符	x 坐标值	分隔符	y 坐标值	分隔符	计数长度	计数方向	加工指令

B——分隔符，将 x、y、J 的数码分隔开；

X——x 轴坐标的绝对值，单位为 μm；

Y——y 轴坐标的绝对值，单位为 μm；

G——加工线段的计数方向，分为按 x 方向记数（G_x）和按 y 方向记数（G_y）；

J——加工路径向某一方向（x 轴或 y 轴）的投影长度，单位为 μm；

Z——加工指令，确定加工位置和加工方向。

2. 直线的 3B 代码编程

1）x 值和 y 值的确定

（1）以直线的起点作为原点，建立直角坐标系，x、y 的值均为该直线终点坐标的绝对值，以 μm 为单位；

(2) 若直线与 x 轴或 y 轴重合，则编写程序代码时，x 值和 y 值均可取“0”。

2) 计数方向 G 的确定

以直线的起点为坐标原点建立直角坐标系，取直线终点坐标绝对值较大的坐标轴计数方向 G(可近似看成直线终点就近坐标轴)，分为 G_x 和 G_y。当直线终点坐标绝对值 $x>y$，$G=G_x$；当直线终点坐标绝对值 $x<y$，$G=G_y$；当直线终点坐标绝对值 $x=y$(即直线与 45°线重合)，若直线在一、三象限，则 $G=G_y$，若直线在二、四象限，则 $G=G_x$，如图 4-3(a)所示。

3) 计数长度 J 的确定

加工直线时计数长度 J 的取值方法如图 4-3(b)和(c)所示，通过计数方向确定直线的投影方向，若 $G=G_x$，则将直线向 x 轴作投影，得到的坐标值的绝对值即 J 的值；若 $G=G_y$，则将直线向 y 轴作投影，得到的坐标值的绝对值即 J 的值。

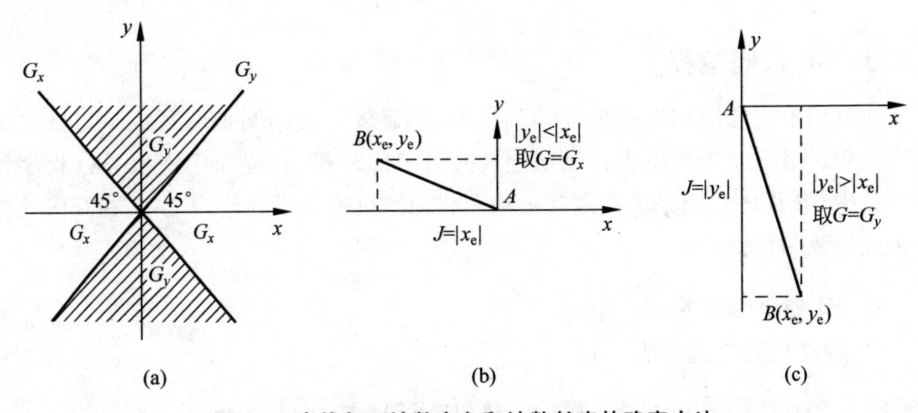

图 4-3 直线加工计数方向和计数长度的确定方法

4) 加工指令 Z 的确定

加工指令 Z 按照终点坐标所处象限和直线走向的不同可分为 L1、L2、L3 和 L4。直线终点坐标位置处于 M 象限，该直线的加工指令即 LM；其中与 $+x$ 轴重合的直线记作 L1，与 $+y$ 轴重合的直线记作 L2，与 $-x$ 轴重合的直线记作 L3，与 $-y$ 轴重合的直线记作 L4，具体方法如图 4-4 所示。

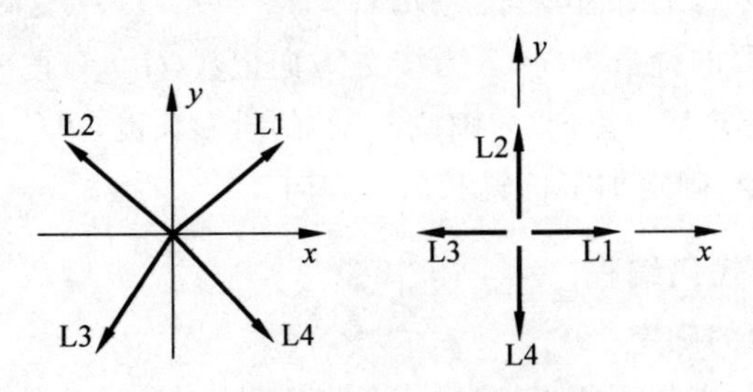

图 4-4 直线加工指令的确定方法

3. 圆弧的 3B 代码编程

1）x 值和 y 值的确定

以圆弧的圆心为原点，建立直角坐标系，x、y 的值均为该圆弧起点坐标的绝对值（与直线不同），以 μm 为单位。如图 4-5（a）中，$x=30000$，$y=40000$；图 4-5（b）中，$x=40000$，$y=30000$。

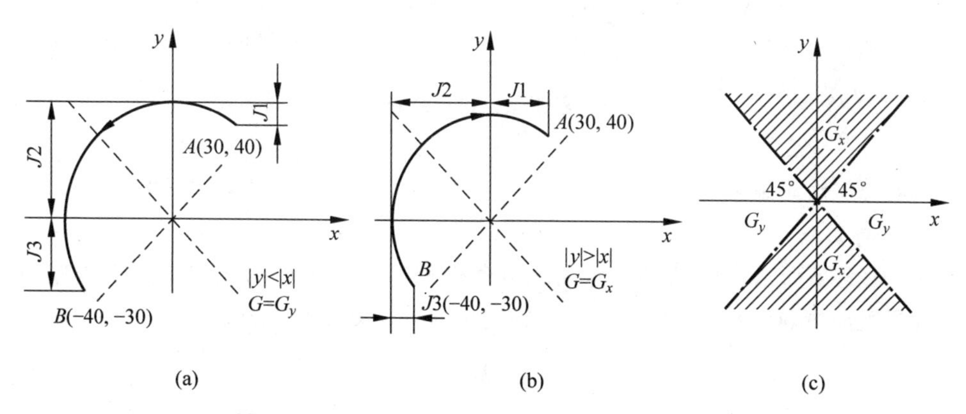

图 4-5　圆弧加工计数方向和计数长度的确定方法

2）计数方向 G 的确定

以圆弧的圆心为原点建立直角坐标系，圆弧的计数方向选取圆弧的终点坐标值绝对值较小的方向（与直线不同），即当圆弧终点坐标值 $x>y$ 时，则 $G=G_y$；当圆弧终点坐标值 $x<y$ 时，则 $G=G_x$；当圆弧终点坐标值 $x=y$ 时，则取 $G=G_y$ 或 $G=G_x$ 均可，具体方法如图 4-5（c）所示。

3）计数长度 J 的确定

加工圆弧时计数长度 J 的取值方法如图 4-5（a）和（b）所示，通过计数方向确定圆弧的投影方向，若 $G=G_x$，则将圆弧向 x 轴作投影；若 $G=G_y$，则将圆弧向 y 轴作投影。由于圆弧可能跨越几个象限，J 值则为各象限内圆弧的投影坐标值的绝对值之和。在图 4-5（a）和（b）中 J_1、J_2、J_3 大小均如图所示，则有 $J=J_1+J_2+J_3$。

4）加工指令 Z 的确定

加工指令 Z 是由圆弧起点所处象限（或即将进入象限）和圆弧加工走向进行确定的。按照所处象限（或即将进入象限）可分为 R_1、R_2、R_3 和 R_4；按照加工走向可分为顺圆 S 和逆圆 N，于是圆弧加工指令 Z 共有以下八种，见表 4-2，具体方法如图 4-6 所示。

表 4-2　加工指令 Z 的种类

Z	第一象限	第二象限	第三象限	第四象限
顺圆 S	SR_1	SR_2	SR_3	SR_4
逆圆 N	NR_1	NR_2	NR_3	NR_4

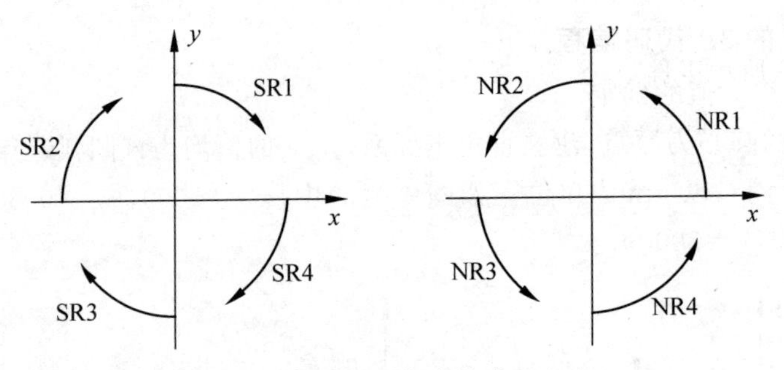

图 4-6 圆弧加工指令的确定方法

4. 3B 代码编程实例

实例 1

如图 4-7 所示工件，依照 3B 代码指令格式编写该工件的线切割加工程序，A 点为进丝位置，单位为毫米(mm)，sin72°＝0.951，cos72°＝0.309。

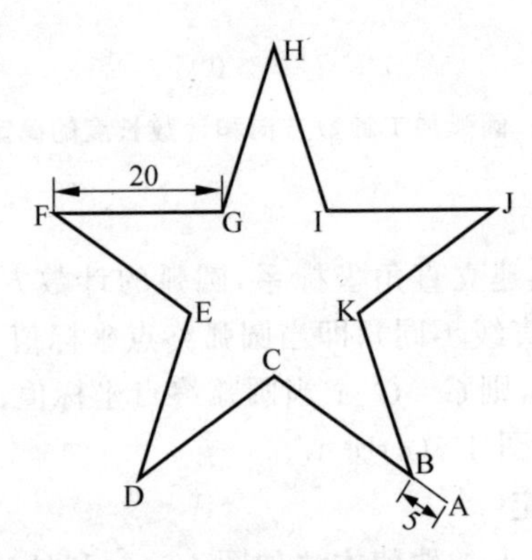

图 4-7 编程实例参考图形

3B 代码程序如下：

```
N1:  B   4045 B   2939 B   4045 GX    L2     A→B 段
N2:  B  16180 B  11756 B  16180 GX    L2     B→C 段
N3:  B  16181 B  11756 B  16181 GX    L3     C→D 段
N4:  B   6181 B  19021 B  19021 GY    L1     D→E 段
N5:  B  16181 B  11756 B  16181 GX    L2     E→F 段
N6:  B      0 B      0 B  20000 GX    L1     F→G 段
N7:  B   6181 B  19021 B  19021 GY    L1     G→H 段
N8:  B   6180 B  19021 B  19021 GY    L4     H→I 段
N9:  B      0 B      0 B  20000 GX    L1     I→J 段
N10: B  16180 B  11756 B  16180 GX    L3     J→K 段
N11: B   6180 B  19021 B  19021 GY    L4     K→B 段
N12: B   4045 B   2939 B   4045 GX    L4     B→A 段
N13: DD                                      结束段
```

实例 2

如图 4-8 所示工件，依照 3B 代码指令格式编写该工件的线切割加工程序，O 点为进丝位置，钼丝偏置(补偿量)为 0.1mm，加工方向为顺时针方向。

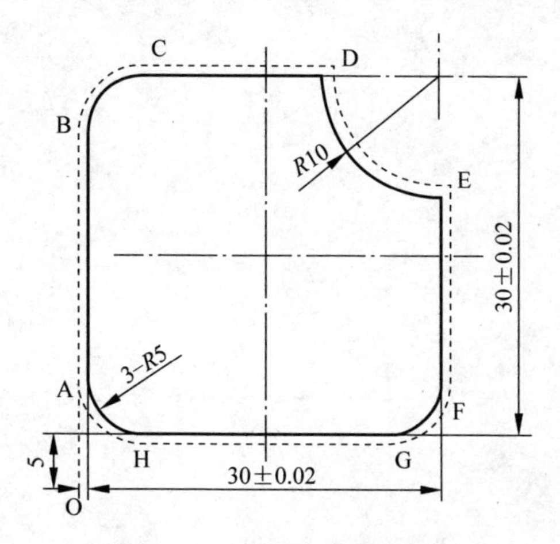

图 4-8　编程实例参考图形

3B 代码程序如下：

```
N1:  B 0 B 0 B 10000   GY   L2              O→A 段
N2:  B 0 B 0 B 20000   GY   L2              A→B 段
N3:  B 5100 B 0 B 5100   GX   SR2           B→C 段
N4:  B 0 B 0 B 15100   GX   L1              C→D 段
N5:  B 9900 B 100 B 10000   GX   NR2        D→E 段
N6:  B 0 B 0 B 15100   GY   L4              E→F 段
N7:  B 5100 B 0 B 5100   GX   SR4           F→G 段
N8:  B 0 B 0 B 20000   GX   L3              G→H 段
N9:  B 0 B 5100 B 5100   GY   SR3           H→A 段
N10: B 0 B 0 B 10000   GY   L4              A→O 段
N11: DD                                     结束段
```

注：由于电极丝具有一定半径尺寸和放电间隙等因素，实际加工工件尺寸与设计尺寸有微小偏差，因此当设计加工精度要求较高的工件时，要考虑补偿量的增减，通常补偿量 F＝电极丝半径 R＋单边放电间隙 L，如实例 2 所示。

4.2.4　电火花线切割机操作系统

1. 电火花线切割机操作面板

NHT7720F 型电火花线切割机操作面板如图 4-9 所示。

NHT7720F 型电火花线切割机操作面板功能如下：

(1) 程序显示：该区为 16 位数码管显示，用于显示 3B 代码程序内容。

(2) 参数显示：显示所设定参数数值，由左至右依次为脉冲宽度、脉冲间隙和功放选择。

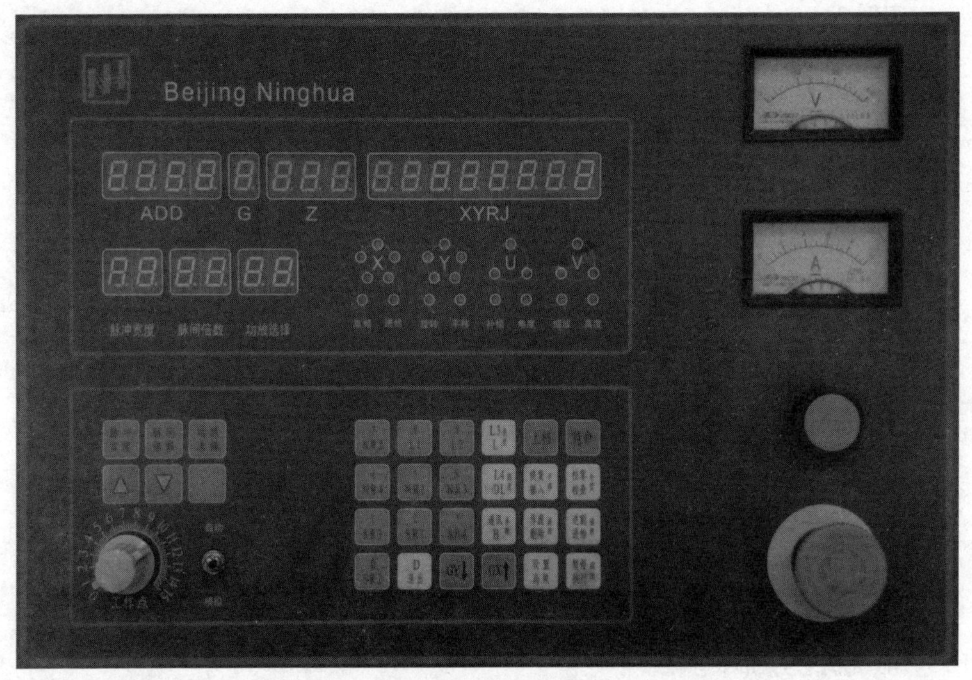

图 4-9　NHT7720F 型电火花线切割机操作面板

请扫Ⅰ页二维码看彩图

(3) 参数设定：设定所选的脉冲参数，包括脉冲宽度、脉冲间隙和功放，其范围见表 4-3。使用时，通过参数设定按键选定某一调节项目，当相应参数显示值闪烁时通过上下选择键进行设定，系统将在 3s 后自动完成确认。

表 4-3　加工指令 Z 的种类

参　数	脉冲宽度/μs	脉间倍数	功　放
范　围	1～99	1～32	1～8

(4) 电压表和电流表：分别显示加工时的高频电压和平均电流。

(5) 功能指示：显示加工时所采用的控制功能，灯亮时，相应控制功能启动，灯灭时，相应控制功能关闭。

(6) 小键盘：用于手动录入程序代码和设定控制功能。

(7) 工作点：调节变频跟踪的松紧和变频进给速度。

(8) 运行方式(自动/模拟)：选择运行模式，加工时选择自动模式，无丝运行时(如跳步、坐标回零)选择模拟模式。

(9) 电源启动：开启机床总控电源。

(10) 急停按钮：紧急停车，此钮带有自锁功能，按下后，再次开机前需顺时针转动按钮，待其弹出后方可按动电源启动键开启机床。

2. 手操盒

NHT7720F 型电火花线切割机手操盒如图 4-10 所示。

NHT7720F 型电火花线切割机手操盒功能如下：

(1) X+，X−，Y+，Y−：工作台进给键，分别代表 x 轴正方向、x 轴负方向、y 轴正方向和 y 轴负方向。当面板上进给灯灭时该按键为有效，点按时为点动，长按时为持续进给。

(2) 调速：调节手动进给速率，与 X+、X−、Y+、Y−配合使用。本机有两挡可调进给速率，默认为高速进给，按下调速键后，指示灯亮，变为低速进给。

(3) 解超：此按键为备用键，解除超行程时的报警信号和进给限制。

图 4-10 NHT7720F 型电火花线切割机手操盒

请扫Ⅰ页二维码看彩图

(4) 进给：分为手动进给和自动进给，操作面板“功能指示”灯亮时，为自动进给状态，工作台锁住，手轮转动失效；“功能指示”灯灭时，可转动手轮实现手动进给。

(5) 结束：加工结束自动停机功能键，灯亮时自动停机功能启动，程序加工结束后系统自动切断电源；灯灭时自动停机功能关闭，程序加工结束后，运丝和水泵关闭，系统报警。

(6) 断丝：断丝保护功能键，灯亮时断丝保护功能启动，运行过程发生断丝时，系统自动切断电源，并关闭储丝筒和水泵；灯灭时断丝保护功能关闭，断丝后机床仍运转。

(7) 高频：手动设置高频键，操作面板“高频”灯常亮时，电极丝和工件之间有高频脉冲电流输出，“高频”灯闪烁时，无高频脉冲电流输出。

(8) 运丝：运丝电机开启/关闭键。灯亮时运丝电机启动，储丝筒转动；灯灭时运丝电机关闭，储丝筒停转。

(9) 水泵电机开启/关闭键。灯亮时水泵电机启动，工作液循环系统开始工作；灯灭时水泵电机关闭，工作液回流至工作液箱。

(10) 执行：加工指令执行/暂停键。

4.2.5 电火花线切割机控制台

开启电源后，操作面板的程序显示区将显示“Good”，此时控制系统正常，可通过小键盘手动输入程序代码和设定控制功能。如图 4-11 所示为控制面板小键盘区。

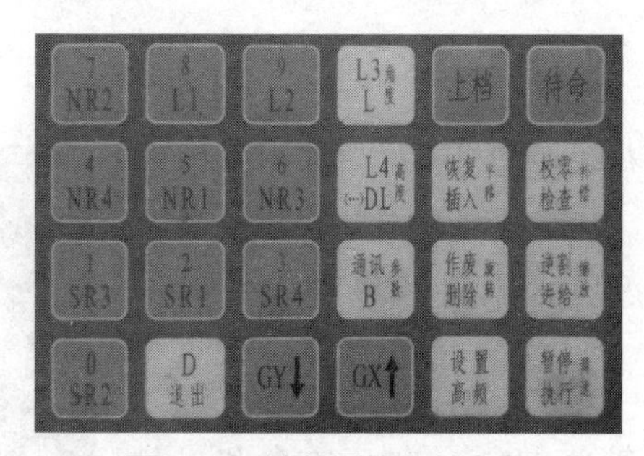

图 4-11　控制面板小键盘区

请扫 I 页二维码看彩图

1. 3B 程序代码输入和编辑

在程序显示区显示“Good”状态时，按“待命”键，显示“P”后方可执行 3B 程序代码的输入指令，操作时需输入程序段号。本控制系统可储存 2158 条 3B 程序代码，程序段号为 0～2157。输入代码时可以任意段号作为加工程序起始条段位置，并可同时储存多个加工程序，每次重新录入程序代码即可将先前代码覆盖。

3B 代码
程序录入

3B 程序代码输入格式见表 4-4。

表 4-4　3B 程序代码输入格式

程序段号	分隔符	X 值	分隔符	Y 值	分隔符	计数长度	计数方向	加工指令
N	B	X	B	Y	B	J	GX/GY	Z

按照表 4-4 的 3B 程序代码输入格式的顺序，首先要输入起始条段号（任意程序段号均可），按“B”键，即可输入 3B 指令 X 值；再一次按“B”键后输入 Y 值，再按“B”键输入计数方向 J 值，按“GX”键或“GY”键输入计数方向，最后输入加工指令 Z（L1～L4、SR1～SR4 和 NR1～NR4 共计 12 种）。到此即完成了一条加工程序代码的全部输入过程，若要继续输入下一条程序代码，可以直接按“B”键，程序段号会自动跳转至下一条。每个程序代码输入完毕后，需要在末段程序段内按“D”键（停机符，End）或连按两次“D”键（全停符，AEnd）设置停机指令。

3B 程序代码输入实例见表 4-5。

表 4-5　3B 程序代码输入实例

按键操作	数码管程序显示区显示状态																说　明
待命	P																处于待命状态
1				1													输入起始段号
B				1				H									输入分隔符
0				1				H								0	输入 X 坐标值
B				1				y									输入分隔符
4750				1				y					4	7	5	0	输入 Y 坐标值

续表

按键操作	数码管程序显示区显示状态																说　明
B				1					J								输入分隔符
19000				1					J			1	9	0	0	0	输入计数长度 J 值
GX				1	y				J			1	9	0	0	0	输入计数方向
NR4				1	y	n	r	4	J			1	9	0	0	0	输入加工指令
D				1	y	n	r	4	J					E	n	D	输入暂停符
D				1	y	n	r	4	J				A	E	n	D	输入全停符

2. 常用控制功能设定

1）检查

在待命状态下，首先输入要检查的程序段号，按“检查”键，即开始显示该程序段的 X 值，再按“检查”键，显示该程序段的 Y 值，再按“检查”键，显示计数长度 J 数值，再按“检查”键显示计数方向和加工指令，到此该程序段已检查完毕。若要继续检查下一程序段，可以直接按“检查”键，程序段号会自动跳转至下一条，同时显示下一条程序段的 X 值，以此类推。在检查的过程中如果不按任何键，则每隔 5s 控制系统会自动显示下一项内容，与按“检查”键效果相同。待检查完毕后，按“待命”键返回待命状态。

3B 程序代码输入实例见表 4-6。

表 4-6　3B 程序代码输入实例

按键操作	数码管程序显示区显示状态																说　明
待命	P																处于待命状态
10			1	0													输入起始段号
检查			1	0				H				1	0	0	0	0	显示 X 坐标值
检查			1	0				y					5	0	0	0	显示 Y 坐标值
检查			1	0					J			1	0	0	0	0	显示计数长度 J 值
检查			1	0	H		L	1									显示计数方向和加工指令

2）插入（显示提示符 INC）

使用插入功能指令可在某个程序段号处插入一条新指令，同时将该程序段号后面的指令向后依次移动。在待命状态下，输入需要插入的程序段号，按“插入”键，程序显示区显示“INC”表示插入已成功，此时该程序段号处的指令为空，可使用小键盘在该程序段号内输入新的指令，完成新指令的插入。

3）删除（显示提示符 DEL）

使用删除功能指令可将某个程序段号处的指令删除，同时将该指令后面的指令向前依次移动。在待命状态下，输入需要删除的程序段号，按“删除”键，程序显示区显示“DEL”表示删除已成功，此时该程序段号处的指令为其下一条段的加工指令，以此类推。

4）修改

输入要修改的指令程序段号，直接按照输入指令的方法将错误指令进行修改。在检查的过程中，如果发现某条指令没有停机符，可按“D”键插入，这条指令就修改为有停机符的指令。

5）作废

若要将连续几条段号内的指令全部作废，使它们全部无效，则可以使用此功能。在待命状态下，按“上挡”键切换到上挡状态，输入要作废程序段的起始段号后按“L4”键，显示“┌”，然后输入程序段的结束段号后按“L4”键，显示“┘”，最后按“作废”键，系统将所选段号内的所有指令作废后返回待命状态。

作废功能操作实例见表 4-7。

表 4-7　作废功能操作实例

按键操作	数码管程序显示区显示状态																说　明
待命	P																处于待命状态
上挡	.																处于上挡状态
50			5	0													输入起始段号
L4	┌																进入“(”状态
80			8	0													输入结束段号
L4	┘																进入“)”状态
作废	P																作废操作结束返回待命状态

6）恢复

该功能与作废功能相对应，若将已作废的连续几条段号内的指令全部恢复成有效指令，则可以使用此功能。在待命状态下，按“上挡”键切换到上挡状态，输入要恢复程序段的起始段号后按“L4”键，显示“┌”，然后输入程序段的结束段号后按“L4”键，显示“┘”，最后按“恢复”键，系统将所选段号内先前作废的所有指令恢复后返回待命状态。

注意：只有先前已经用作废功能作废的指令，才能用恢复功能将其恢复。

恢复功能操作实例见表 4-8。

表 4-8　恢复功能操作实例

按键操作	数码管程序显示区显示状态																说　明
待命	P																处于待命状态
上挡	P.																处于上挡状态
50			5	0													输入起始段号
L4	┌																进入“(”状态
80			8	0													输入结束段号
L4	┘																进入“)”状态
恢复	P																恢复操作结束返回待命状态

7）平移

此功能是将连续几条段号内的指令重复执行规定次数的一种加工方法。当指令有相同的连续重复加工时，可以只输入一段指令，与其相同的指令可以不用输入。

注意：相同的指令段必须是连续的，中间不能有其他指令。

首先按“上挡”键和“设置”键，系统处于设置状态，输入要平移程序段的起始段号后按“L4”键，显示“┌”，然后输入程序段的结束段号后按“L4”键，显示“┘”，最后输入要平移的次数后按“平移”键，平移参数输入完成，显示器显示输入的三个参数，面板上平移指示灯亮。

清除平移功能时，首先按“上挡”键和“设置”键，系统处于设置状态，再按“平移”键，最后按“退出”键，此时平移指示灯灭。

平移功能操作实例见表 4-9。

表 4-9 平移功能操作实例

按键操作	数码管程序显示区显示状态																说 明
待命	P																处于待命状态
上挡	P.																处于上挡状态
设置	E.																处于设置状态
50		5	0														输入平移起始段号
L4	┌																进入“(”状态
100	1	0	0														输入平移结束段号
L4	┘																进入“)”状态
80			8	0													输入平移次数
平移			5	0	—		1	0	0						8	0	显示平移段号和次数
待命	P																指示灯亮

8）间隙补偿

此功能是让系统自动将钼丝半径的加工损耗计算到程序中，预留间隙空间，使加工出来的工件规格与编写的指令相同。

间隙补偿功能的参数值有钼丝半径和补偿正反向两种，其中补偿正反向的定义方法为：按“GX”键显示正号，为正向补偿，逆时针加工时工件轮廓扩大，顺时针加工时工件轮廓缩小，直线指令向上或左平移，逆时针圆弧指令半径扩大，顺时针圆弧指令半径缩小；按“GY”键显示负号，为负向补偿，其工件的轮廓变换和指令的修改与正向相反。

首先按“上挡”键和“设置”键，系统处于设置状态，然后按“补偿”键进入补偿参数显示状态，当没有定义间隙补偿时显示一个“0”，间隙补偿指示灯不亮；此时输入或修改参数时，首先按“GX”键或“GY”键，确定补偿方向，显示“＋”号或“－”号后再开始输入钼丝半径，按“补偿”键后，补偿参数即定义完成，补偿指示灯亮。

清除补偿功能时，首先按“上挡”键和“设置”键，系统处于设置状态，再按“补偿”键，最后按“退出”键，此时补偿指示灯灭。

9）调节运行速率

此功能通过设置执行时取样变频的次数来调节执行速度。

首先按“上挡”键和“设置”键，系统处于设置状态，再按“调速”键，此时显示“aaa”，即先前系统的设置值。按“GX”键，可增大 aaa 的值，提高执行速率；按“GY”键，可减小 aaa 值，降低执行速率。

10）缩放

此功能可将所有指令按照输入的比例参数进行缩放，使加工工件轮廓按比例缩小或放大。本系统的缩放比例是以“1000”为基准的，大于“1000”的值为放大的比例，小于“1000”的值为缩小的比例。

首先按“上挡”键和“设置”键，系统处于设置状态，输入缩放比例值，按“缩放”键即完成此功能的设定。输入完后缩放指示灯将点亮。

注意：缩放功能在执行完全部指令并关机后，将自动清除。

11）高频切换

在待命状态下，依次按“上挡”“D”“D”键，高频指示灯闪亮或灯灭。

12）坐标显示

加工过程中，当显示计数长度时，依次按“待命”“上挡”“GX 或 GY”键，即可显示当前 x 或 y 的坐标值。

电火花线切割机加工中常用控制功能及格式见表 4-10。

表 4-10 NHT7720F 型电火花线切割机常用控制功能格式一览表

功能	使用状态	操作步骤	说明
输入	直接输入	m Bx By BJ Gx/Gy Z	m 为段号
修改	直接输入	m Bx By BJ Gx/Gy Z	m 为段号
插入	直接输入	m-插入（显示 InC）	m 为段号
删除	直接输入	m-删除（显示 dEL）	m 为段号
检查	直接输入	m-检查-检查-……-检查-待命	m 为段号
高频	待命，上挡	待命-上挡-D	高频待命
作废	待命，上挡	待命-上挡-m-L4-n-L4-作废	m、n 为首末段号
恢复	待命，上挡	待命-上挡-m-L4-n-L4-恢复	m、n 为首末段号
逆割	待命，上挡	待命-上挡-m-L4-n-逆割-执行	m、n 为首末段号
回退	待命，上挡	待命-上挡-执行（按住不放）	短路使用
退出	待命，暂停	D-D-D	

3. 3B 代码自动输入系统

在实际操作过程中，可能加工的程序比较复杂，如果选用手动方式输入程序代码，既影响加工效率，也无法保证所输入代码的准确性，这时我们可以利用 CAXA

软件作图生成 3B 代码，再通过数控设备网络集中系统将代码传输到线切割机的数控系统中，实现 3B 代码的自动生成和自动输入操作，将极大提高加工效率，避免了人为因素造成的数据错误，为超硬材料的切割加工提供了便利条件。具体操作如下。

(1) 在数控装置操作台端连接一台数控设备无线网络传送器、传送器与吸盘天线相接，用于接收电脑端传输的网络信号，如图 4-12 所示。

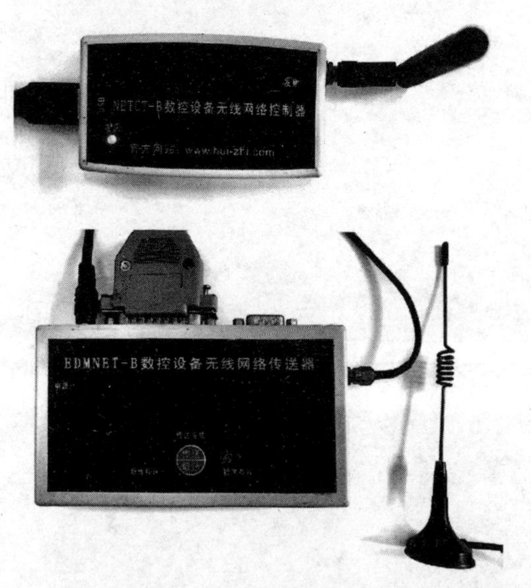

图 4-12　数控设备无线网络控制器、传送器与吸盘天线

请扫Ⅰ页二维码看彩图

(2) 双击桌面“汇智数控设备网络集中控制系统”和“CAXA 线切割 XP”图标，打开相应软件，界面如图 4-13 所示，并在网络集中控制系统中确认设备信号连接。

(3) CAXA 软件操作界面的右侧有绘图工具栏，按照加工需求选择合适的图形进行作图，画出图形的基本线条。然后在菜单栏中“绘制”菜单下找到“曲线编辑”命令，该命令中包含“裁剪”“过渡”“打断”“拉伸”“平移”“旋转”等多种操作命令，如图 4-14 所示。根据作图需要，选择合适的操作命令对图形线条进行修正，完成图形绘制过程。

(4) 在菜单栏中“线切割”菜单下找到“轨迹生成”命令，单击此命令，进入“线切割轨迹生成参数表”对话框，在此对话框中，可以选择合适的“切入方式”“加工参数”“拐角过渡方式”“补偿值”等参数，选定参数后单击“确定”按键(图 4-15)。

(5) 以如图 4-16 所示图形为例，按照加工需要选择进丝的线条或最先加工的线条，单击该线条，在该线条处出现双向绿色箭头，然后在操作界面任意位置单击鼠标左键，图形则变成红色虚线。

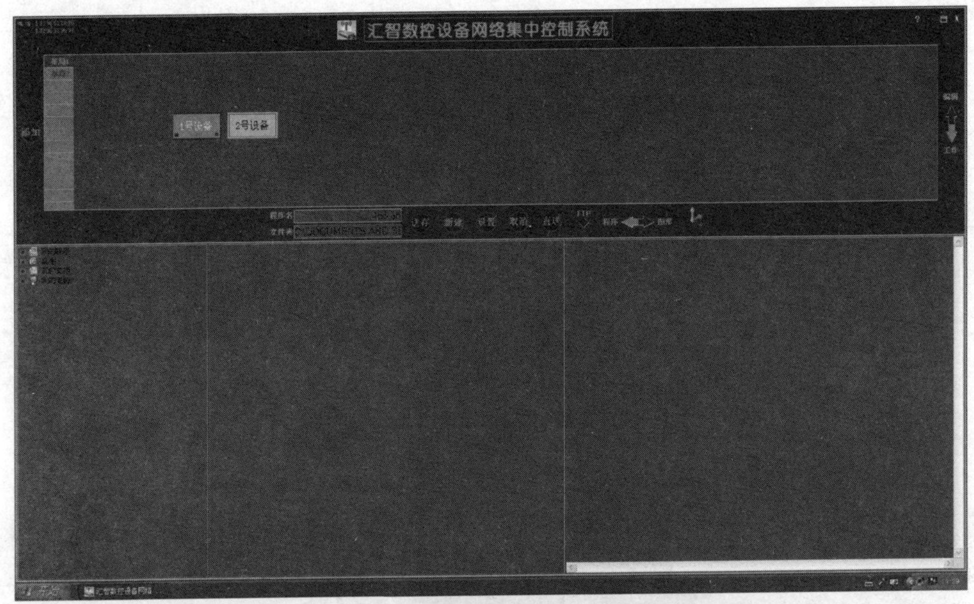

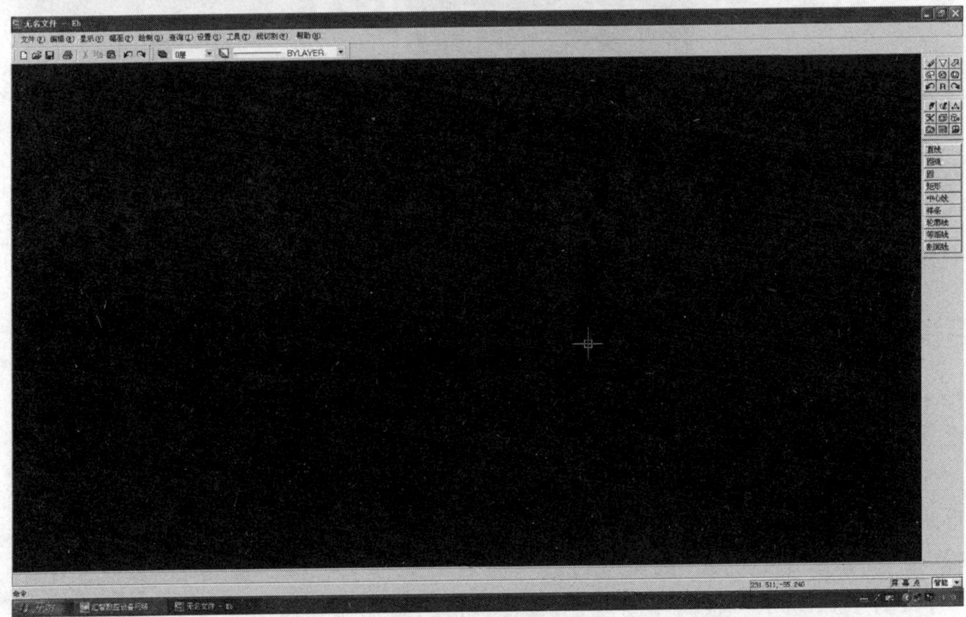

图 4-13 软件界面

请扫Ⅰ页二维码看彩图

(6) 根据加工需要,在适当位置单击鼠标左键,即选定加工起始位置,该位置呈现红点,再次单击鼠标左键,则选定加工终止位置,然后在操作界面任意位置单击鼠标左键,生成两条绿色线,这两条绿线即加工起始位置和终止位置到进丝线条或最先加工线条的两条直线,分别对应着线切割机在实际加工时进丝和出丝的行进轨迹(图 4-17)。

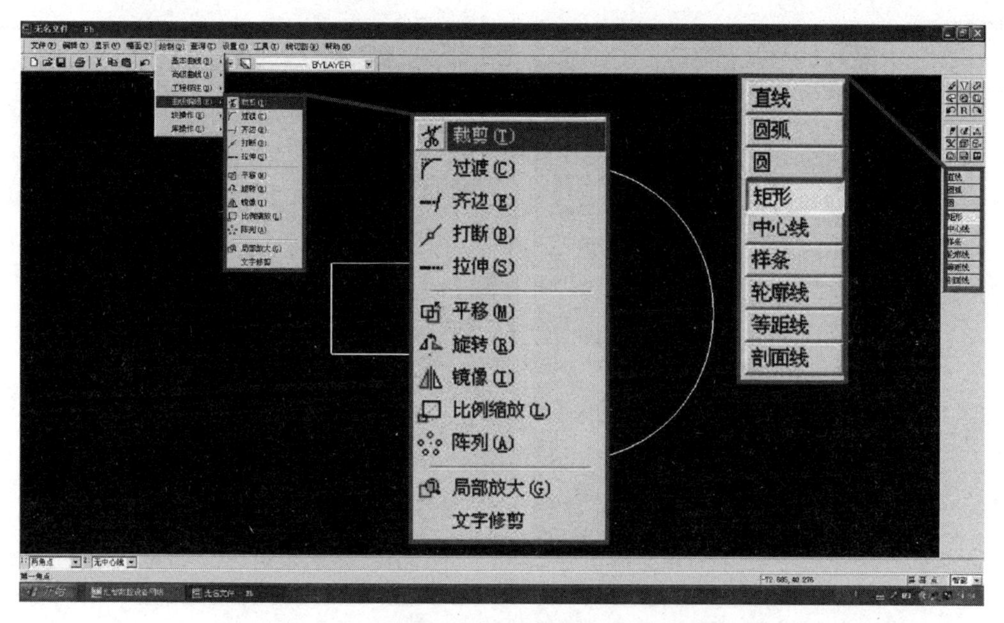

图 4-14　CAXA 绘图工具栏和曲线编辑下的操作命令

请扫Ⅰ页二维码看彩图

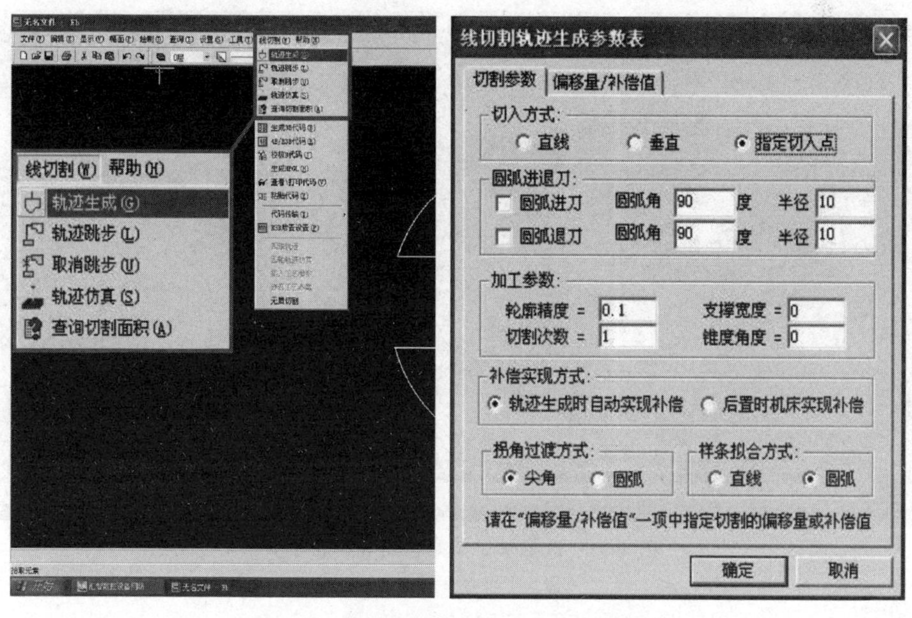

图 4-15　CAXA 线切割轨迹生成操作命令

请扫Ⅰ页二维码看彩图

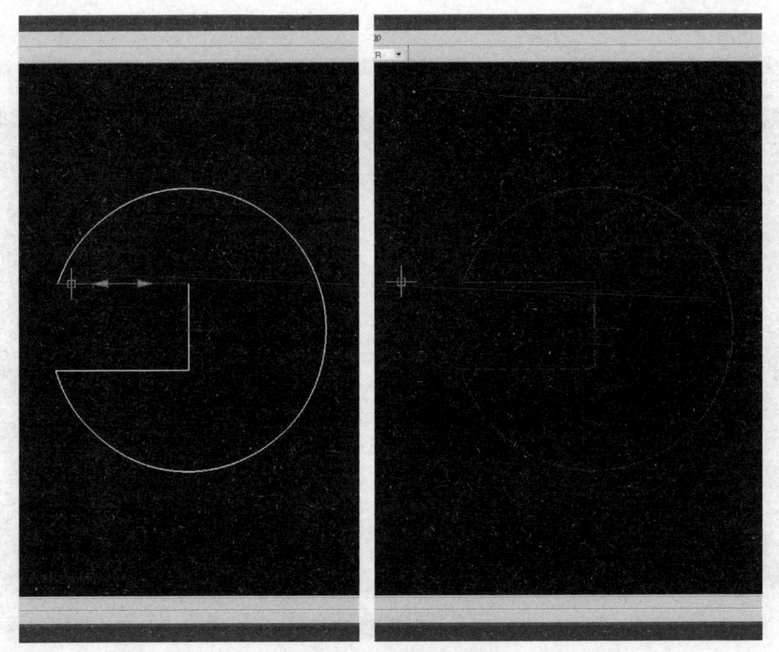

图 4-16 选择进丝线条

请扫Ⅰ页二维码看彩图

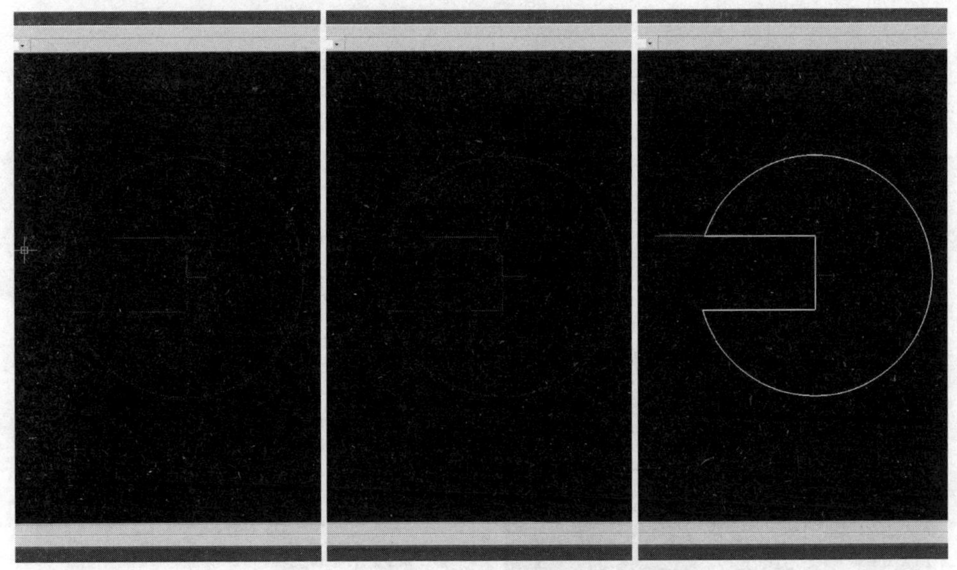

图 4-17 选择加工起始位置和终止位置

请扫Ⅰ页二维码看彩图

(7) 在菜单栏中"线切割"命令下选择"生成 3B 代码"命令，如图 4-18 所示，单击该命令弹出"生成 3B 加工代码"对话框，命名文件并选择文件保存位置，按"保存"按键则在图形线条位置同时生成绿色切割线，单击切割线，切割线由绿色线变为红色线，如图 4-19 所示。

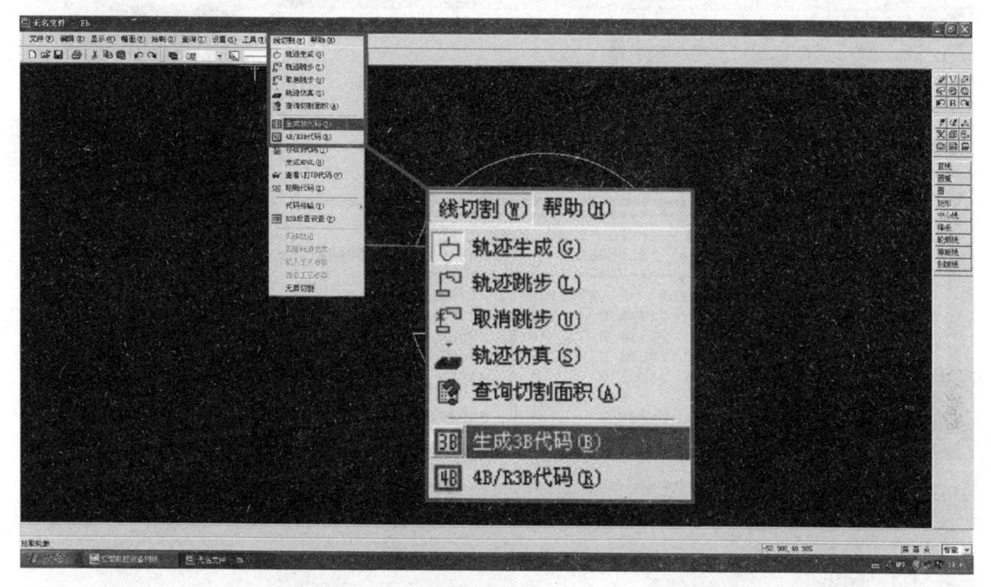

图 4-18　CAXA 线切割生成 3B 代码操作命令

请扫Ⅰ页二维码看彩图

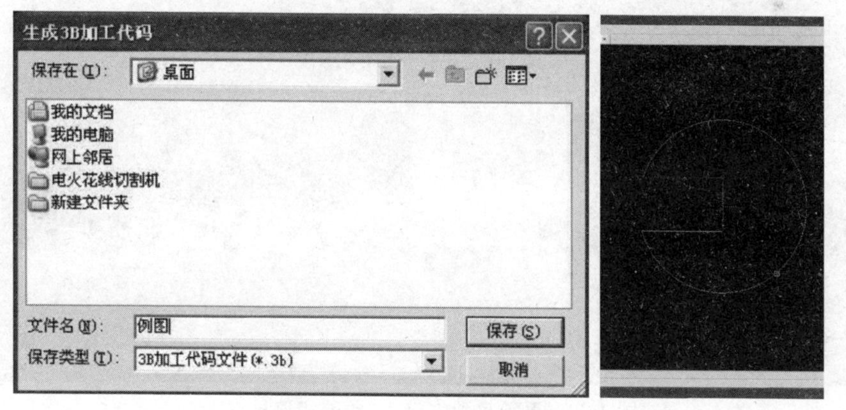

图 4-19　生成 3B 代码对话框

请扫Ⅰ页二维码看彩图

(8) 按"Enter"键，系统自动生成 3B 代码，并自动导入"汇智数控设备网络集中控制系统"软件中。如图 4-20 所示，图形显示区显示绘制的图形，程序显示区显示生成的 3B 代码。单击"直送"按钮，发射信号，在电火花线切割机的控制面板小键盘区依次按"待命-上挡-任意数字键(首段程序段号)-通讯(B 键)"，即可接收信号，将所生成的 3B 代码程序自动输入线切割机数控系统。在代码传输过程中，系统实时显示传输进度，当传输进度显示"100%"时，即完成 3B 代码程序的自动输入操作。

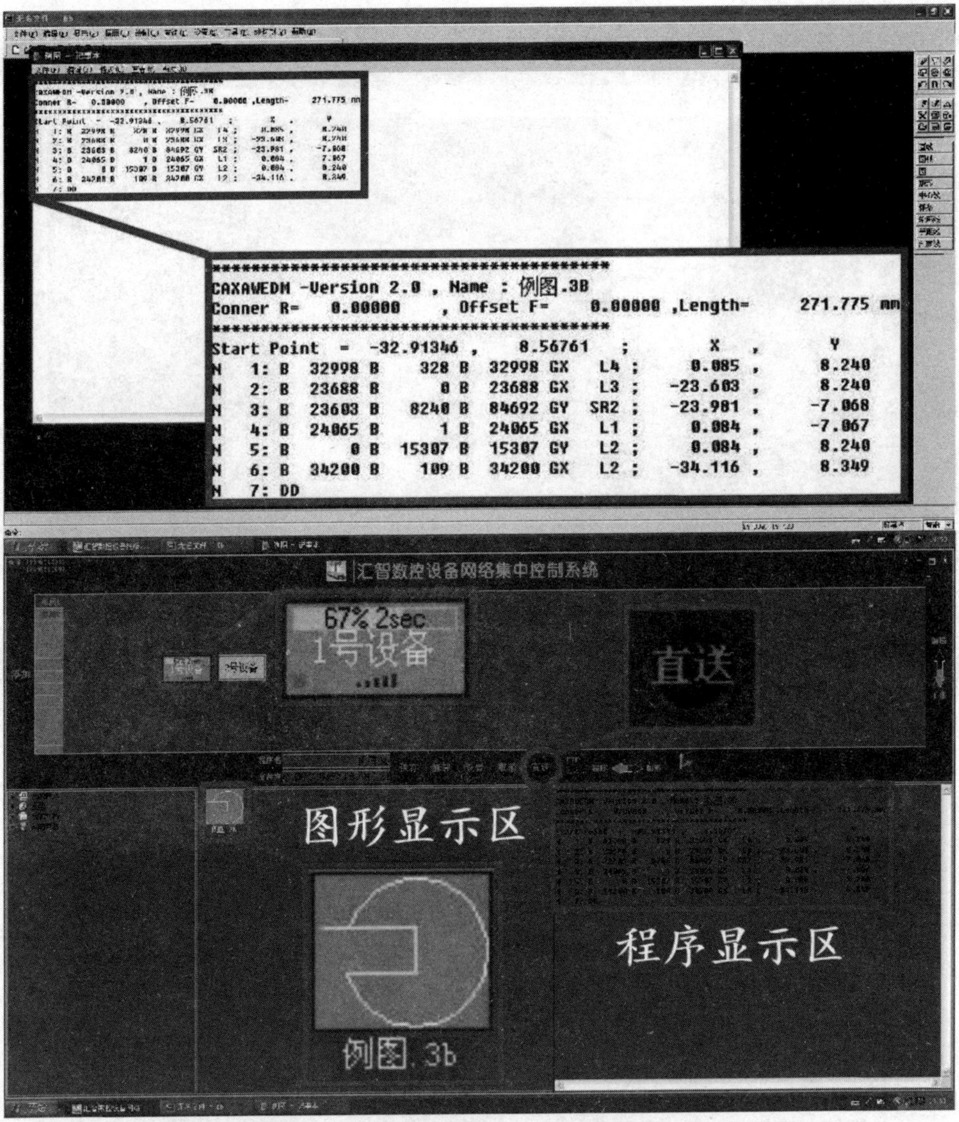
CAXAWEDM -Version 2.0 , Name : 例图.3B
Conner R= 0.00000 , Offset F= 0.00000 ,Length= 271.775 mm
Start Point = -32.91346 , 8.56761 ; X , Y
N 1: B 32998 B 328 B 32998 GX L4 ; 0.085 , 8.240
N 2: B 23688 B 0 B 23688 GX L3 ; -23.603 , 8.240
N 3: B 23603 B 8240 B 84692 GY SR2 ; -23.981 , -7.068
N 4: B 24065 B 1 B 24065 GX L1 ; 0.084 , -7.067
N 5: B 0 B 15307 B 15307 GY L2 ; 0.084 , 8.240
N 6: B 34200 B 109 B 34200 GX L2 ; -34.116 , 8.349
N 7: DD
汇智数控设备网络集中控制系统
67% 2sec
1号设备
直送
图形显示区
例图.3b
程序显示区

图 4-20　系统自动生成 3B 代码和信号传输

请扫 I 页二维码看彩图

4.2.6　电火花线切割机操作流程

这里我们以金刚石复合片为例。

(1) 在编程和加工之前，要使用游标卡尺等测量工具对工件尺寸进行测量(图 4-21)，确保工件符合平口钳的装夹范围，满足加工需求，并找准装夹位置和进丝位置。

(2) 开启设备侧面电源开关，并根据切割材料特征选择合适挡位。通常切割金属材料可选择“普通”挡，切割超硬材料等无机非金属材料可选择“聚晶”挡。按

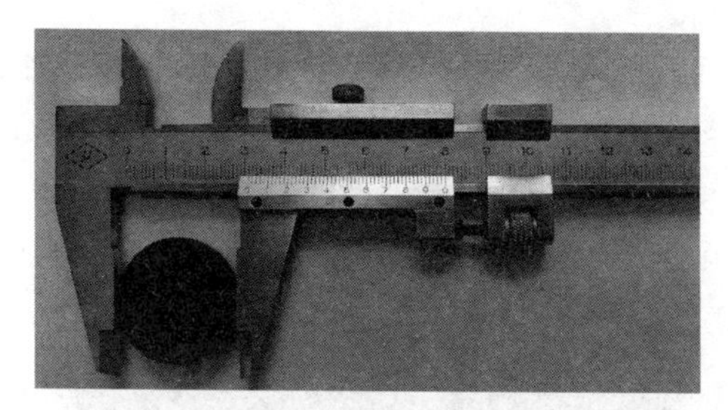

图 4-21　测量工件尺寸

控制面板绿色启动按钮，开启切割机并调节脉冲条件和工作点至合适数值，加工金刚石等超硬材料用固化矩形脉冲，输出功率八级可调；加工普通金属可根据需要调整脉冲参数，输出功率六级可调。

(3) 装夹工件。安装工件之前，转动手轮，使钼丝远离平口钳，防止工件刮碰钼丝造成钼丝断裂。一手拿住工件，一手操作平口钳，注意夹紧工件，防止加工过程中工件移位造成钼丝和工件损坏。

(4) 双手转动手轮，控制 x 轴和 y 轴丝杠运转，调整钼丝和工件相对位置，使钼丝靠近工件进丝位置。注意钼丝位置不能紧靠工件，以免造成短路。

电火花线切割机调整进丝位置视频

(5) 通过控制面板小键盘区编写并录入程序代码。(与第(3)点不分先后)

(6) 依次单击"待命—上挡—D"开启高频待命状态。高频指示灯闪烁。单击手操器上"高频"按钮，开启高频，高频指示灯长亮，注意此时禁止触碰工件和钼丝，以免触电发生危险。

(7) 单击手操器上"运丝"按钮，开启储丝筒电机，储丝筒带动钼丝在一定范围内作往复运动。

(8) 缓慢转动手轮，使钼丝继续靠近工件进丝位置，直至产生电火花为止。

(9) 一手转动手轮刻度盘，使零刻度线位置与刻线位置重合，如图 4-22 所示，一手转动手轮中心旋钮，固定刻度盘。加工过程中，手轮将带动刻度盘转动。

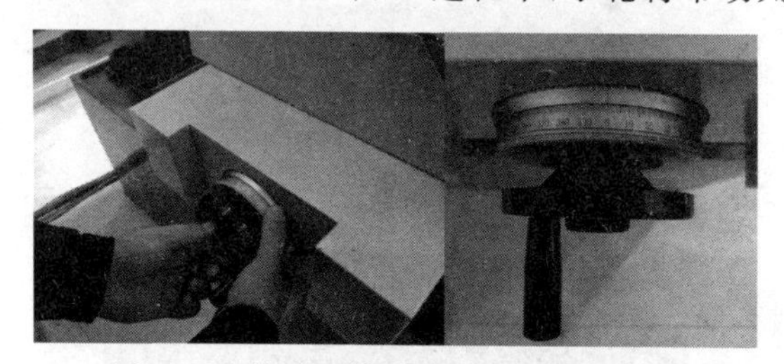

图 4-22　转动手轮刻度盘固定零刻度线

(10) 在"待命"状态下单击所输入代码程序段的首段号码后，单击功能区"执行"键，代码程序显示区出现首尾条段号码。

(11) 再次单击功能区"执行"键或手操器"执行"按钮，加工开始，随即单击手操器“水泵”按钮，开启工作液泵，线切割液经由管路喷出。加工过程中，控制面板实时显示加工信息(图 4-23)。

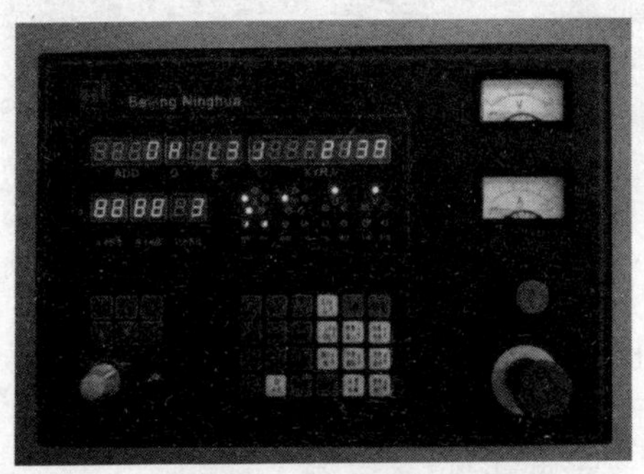

图 4-23 线切割控制面板实时信息显示

请扫 I 页二维码看彩图

(12) 加工结束后，手轮锁死，需单击手操器“进给”按钮解锁工作台，自动模式即转为手动模式。此时，可通过手轮和手操器对工作台进行操作。

(13) 依次单击“待命—上挡—D”关闭高频待命状态，转动手轮，使钼丝远离工件。一手拿住工件，一手操作平口钳，防止工件脱落刮碰钼丝造成钼丝断裂。待卸下工件后，依次按下急停按钮，关闭控制台侧面及墙壁电源开关，关闭设备并清理工作台，完成加工过程。

4.3 切割加工设备——激光切割机

本章所介绍的另一台特种加工设备为 ZT-JG2S 型激光切割机，如图 4-24 所示。ZT-JG2S 型激光切割机主要用于高硬度材料（人造金刚石、天然单晶、立方氮化硼、硬质合金、陶瓷）和一些线切割机无法加工的非导电材料的切割加工，切割速度是线切割机的 10～20 倍。

图 4-24 ZT-JG2S 型激光切割机

请扫 I 页二维码看彩图

机床采用稳定的YAG泵浦激光光源，激光功率输出稳定，单脉冲能量较大。且机床配置了高精度位移台，有效提高切割精度，可将切割热影响降到最低，加工过程中可实时观察切割情况，便于操作者操作。

4.3.1 激光切割机结构

ZT-JG2S型激光切割机包括控制系统、激光器、光路系统、水冷系统和供气系统等。

1. 控制系统

机床控制系统主要由*XY*轴十字工作台(图4-25)、*Z*轴和计算机及软件控制部分等组成。十字工作台分别对应机床的*X*轴和*Y*轴，通常由底座、滚动导轨副、滑动座、工作平台、滚珠丝杠副和步进电机等组成。底座固定在床体上，并沿*Y*轴方向平行安置两组滚动导轨副和一组滚珠丝杆副，滑动座安装在底座的导轨上由丝杠带动可沿*Y*轴运动。在滑动座*X*轴方向上平行安置两组滚动导轨副和一组滚珠丝杠副，工作平台安装在滑动座的导轨上，由丝杠带动可沿*X*轴运动。步进电机等驱动元件安装在$-X/+Y$方向位置，用来驱动滚珠丝杠转动。滚珠丝杠螺母带动滑动座和工作平台在导轨上运动，将卡盘固定在工作平台上，实现工件在*XY*平面200mm×200mm范围内任意位置的移动。*Z*轴运动机制和*XY*轴十字工作台相似，行程范围为50mm。

计算机所使用的系统为Windows 7系统，通过AutoCAD 2007软件绘制切割图形，利用WinCNC软件对激光进行对焦并生成切割线，控制机床运行实现板材工件的切割加工。

图4-25 *XY*轴十字工作台

2. 激光器

激光器的种类有很多，有固体激光器、液体激光器、气体激光器和半导体激光器等，本激光切割机所使用的激光器是YAG泵浦激光器，属于固体激光器的一种，所产生的激光波长为1064nm，功率可达90W以上，频率分别在10Hz、20Hz、

30Hz、40Hz、50Hz、60Hz可调。

3. 光路系统

光路系统主要由扩束镜、反射镜、光学支架、光栏、45°镜和物镜等组成，具有产生激光、改变激光路径和改变激光强度及发散角等作用。反射镜又分为全反射镜和半反射镜(输出镜)，二者构成一个光学谐振腔(图4-26)，主要用于将频率相同、方向一致的光进行放大，而把其他频率和方向的光加以抑制，凡不沿谐振腔轴线运动的光子均很快逸出腔外，沿轴线运动的光子将在腔内继续前进，并经两反射镜的反射不断往返运动产生振荡。运动时不断与受激粒子相遇而产生受激辐射，沿轴线运动的光子将不断增殖，在腔内形成传播方向一致、频率和相位相同的强光束，这就产生了激光。

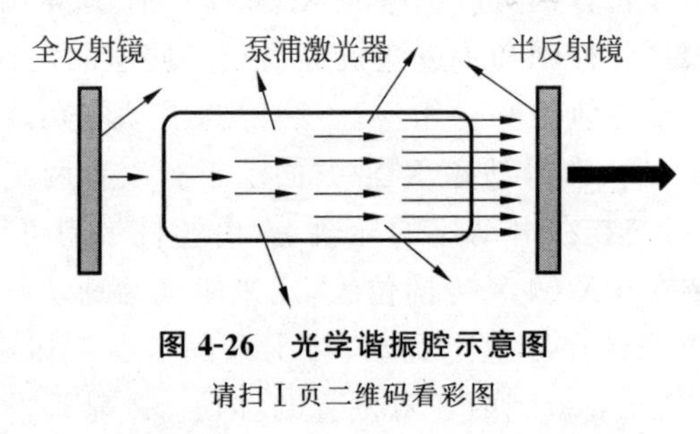

图4-26 光学谐振腔示意图

请扫Ⅰ页二维码看彩图

扩束镜是一种由两个或多个元件组成用以调节激光光束直径和发散角的光学系统。物镜是一片凸透镜，可将高能量激光光束汇聚至工件表面某一极小的区域范围，从而实现工件的高精度加工。

4. 水冷系统

本书与激光切割机配套使用的水冷设备为AK-52型一体式恒温冷却液循环机，以去离子水为传热介质，将激光器产生的热量传递出来，通过制冷系统将热量散发到设备外部，从而保证设备在正常的温度范围内运行。循环水机与激光器之间依靠水循环系统内水泵压力形成封闭介质循环，由温度传感器检测介质温度，对循环水机进行实时控制。

5. 供气系统

供气系统主要包括气源、过滤装置和管路等，主要通过空气压缩机提供高压空气，管路与Z轴激光刀头相通，当汇聚的高能量激光束切割工件的同时，与激光光束同轴的高压空气从激光刀头喷出，可清除熔化的切割废料杂质。

4.3.2 激光切割机原理

激光切割机是将从激光器发射出的高能量、高密度的激光束，经光路系统，聚焦到工件表面，使工件达到熔点或沸点。同时利用与激光光束同轴的高压空气清除熔化或汽化的切割废料，如图4-27所示。随着光束与工件相对位置的变化，最终在材料上形成切缝，从而达到切割的目的。激光切割是用不可见的光束代替传统的机械刀进行加工的，具有精度高、切割速度快、切口平滑和加工成本低等特点，将逐渐改进或取代传统的金属切割工艺设备。本台设备主要用于切割高硬度、高熔点、不透明材料。

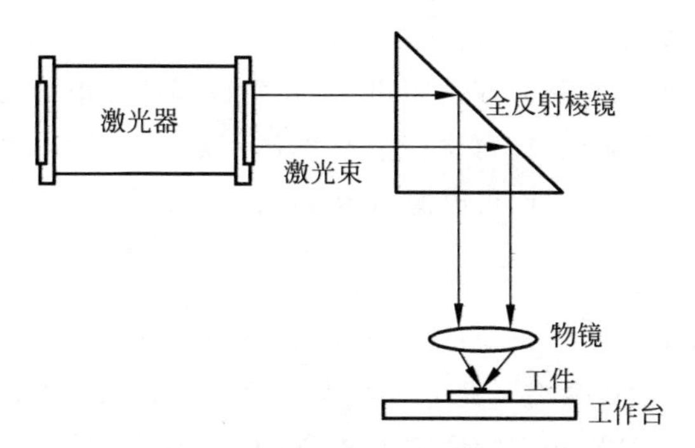

图 4-27　激光切割机加工原理图

4.3.3　激光切割机控制面板

激光切割机控制面板(图 4-28)是由电源指示灯、激光钥匙开关、“急停”按钮、计算机按钮、工作台按钮、冷水机按钮、工作灯按钮、监控按钮、排尘按钮、准值按钮、十字线控制旋钮和显示器等组成的，主要用来开关各个切割功能并显示其状态，调节激光参数等。

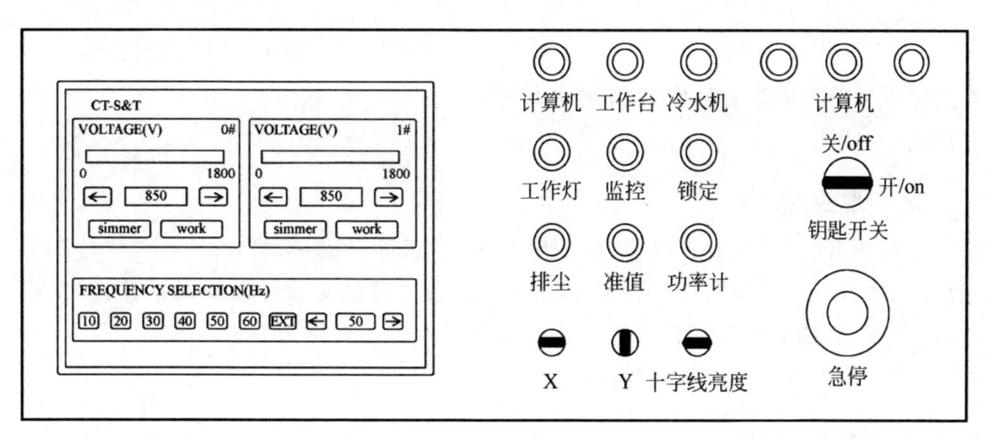

图 4-28　激光切割机控制面板

1. 电源指示灯

电源指示灯主要显示当前设备供电状态，开启设备墙壁电源后，电源指示灯亮，可以进行后续加工操作。

2. 激光钥匙开关

激光钥匙开关是激光电源和控制面板显示器的控制开关，将钥匙从“关/off”转动至“开/on”，即可开启激光电源和面板显示器。

3. “急停”按钮

“急停”按钮主要用于开启或关闭机床，开启设备墙壁电源后，顺时针转动“急停”按钮90°左右，按钮弹出，即可进行后续操作；加工完成后，最后按下“急停”按钮，主机和循环水即停止运行，仅电源指示灯亮。

4. “冷水机”按钮

“冷水机”按钮是水循环系统的开关按钮，直接控制循环水机运行。开机转动“急停”按钮弹出后，设备蜂鸣器发出“哔—哔—”声报警，按下“冷水机”按钮供水3s后，循环水机面板显示“E_dL”(压缩机延时保护)，警报解除。

5. “工作台”按钮

“工作台”按钮是十字工作台的控制开关，按下“工作台”按钮，十字工作台即锁死，只能通过键盘或系统控制步进电机对其进行操作。

6. “计算机”按钮

“计算机”按钮是机床控制系统的开关，按下“计算机”按钮，即可开启计算机进行后续操作。

7. “工作灯”按钮

“工作灯”按钮是工作台右侧工作灯的控制开关，按下“工作灯”按钮，工作灯亮。

8. “监控”按钮

“监控”按钮是激光主轴CCD相机开关，双击计算机桌面“AMCAP”软件图标打开软件，按下“监控”按钮，开启CCD相机，通过键盘或软件系统虚拟按键，调整激光头 X、Y 轴水平位置和 Z 轴垂直位置对工件进行对焦和确定其中心点位置，操作完成后按出按钮关闭监控软件。

9. “排尘”按钮

“排尘”按钮是鼓风机的控制开关，在激光切割加工过程中，易产生粉尘。按下“排尘”按钮，启动鼓风机将粉尘排出，可有效避免粉尘对操作者身体造成伤害。

10. “准值”按钮

“准值”按钮是与激光头同轴的红外线控制开关，按下“准值”按钮即可开启红外线。

11. 十字线控制旋钮

面板最下方的三个旋钮主要用来调节 CCD 相机十字线位置和亮度，*X* 轴和 *Y* 轴垂直相交的位置与激光头位置重合，通常无需调节，十字线亮度可根据实际加工需要进行适当调节。

12. 显示器

面板显示器可通过触屏进行操作，主要用来调整、显示激光参数和控制激光开关。显示和调节的内容分为两部分：电源电压和激光脉冲频率，均可通过"→"和"←"进行参数设置。

应该注意的是，开启激光电源时，要从左至右依次单击"simmer"和"work"键，关闭激光电源时则反向操作即可；两台激光电源串联，设置相同的功率参数为宜；单击加工所需的脉冲频率值即可开启激光，一次加工完毕后，可单击"EXT"键关闭激光。

4.3.4 软件主要操作功能区

双击计算机桌面"WinCNC"图标打开软件，界面如图 4-29 所示，导入文件后方可进行后续操作。

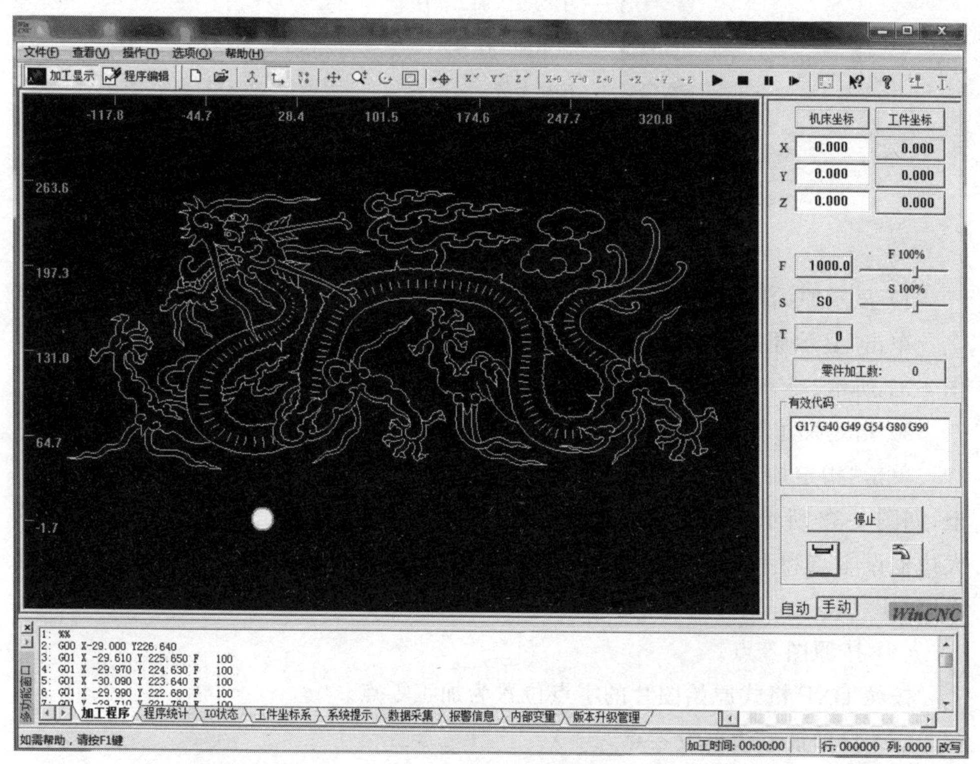

图 4-29　软件主界面

请扫 I 页二维码看彩图

1. DXF 文件专用工具条

WinCNC 软件支持直接读取 DXF 格式文件，可将 DXF 格式文件所绘制图形直接转换为加工路径，并通过 DXF 文件专用工具条对图形进行设置，以达到加工要求。DXF 文件专用工具条常用功能如图 4-30 所示，只有在打开 DXF 格式图形文件时才会出现。

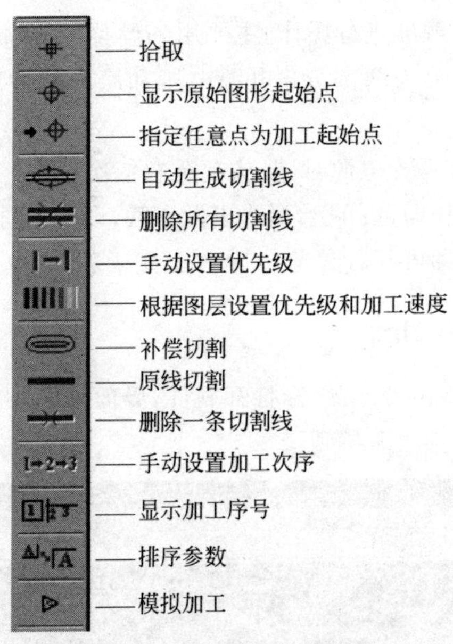

图 4-30　专用工具条常用功能

请扫Ⅰ页二维码看彩图

1）显示原始图形加工起点

单击“显示原始图形起始点”按钮，在图形区域某处显示原始图形加工起点，如图 4-31 所示。

2）指定加工零点

单击“指定加工零点”按钮，将弹出“设定 DXF/PLT 文件加工零点模式”对话框，如图 4-32 所示，对话框有三种加工零点设定模式，分别是按原图零点、自动最大边框设零点和手工自由设零点，同时还可以对图形的旋转角度和缩放比例进行设定。

(1) 按原图零点。

按照 DXF 格式原始图片的零点位置为加工零点。

(2) 自动最大边框设零点。

系统在读取 DXF 格式文件时，会自动算出其最大外界矩形，以该矩形为边框，操作者可选六个关键点为加工零点。

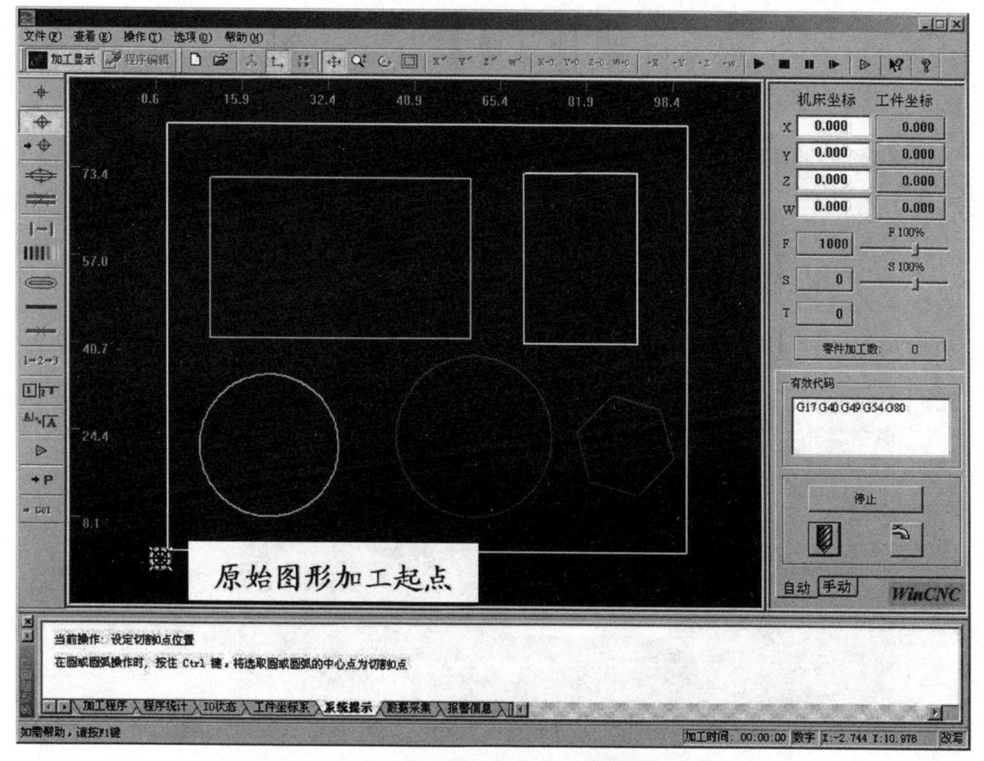

图 4-31　原始图形加工起点界面

请扫 I 页二维码看彩图

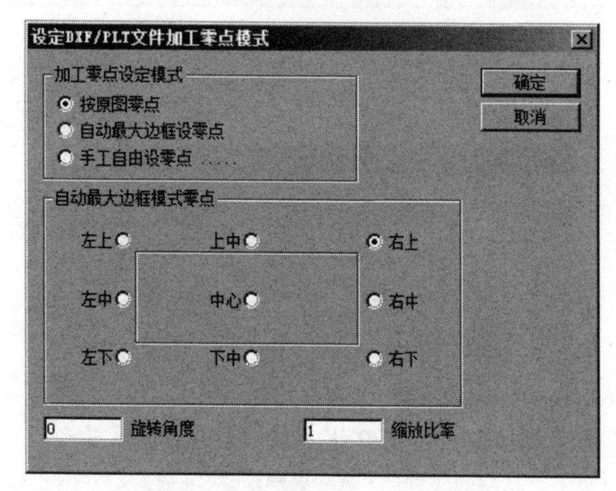

图 4-32　设定 DXF/PLT 文件加工零点模式对话框

请扫 I 页二维码看彩图

(3) 手工自由设零点。

选择自由设零点模式后，在图形编辑区域选中任意一点作为新的加工起点，DXF 图形中的圆弧端点、线段端点以及圆、圆弧的圆心点将作为关键点显示。将光标靠近线段或者圆弧就会出现小十字图形来提示关键点，如图 4-33 所示；将光标移动到关键点附近后单击左键,系统将捕捉关键点坐标并弹出“设定 DXF/PLT 文件切割 0 点”对话框,如图 4-34 所示;单击“确定”按钮后,将重新确定加工零点,如图 4-35 所示。

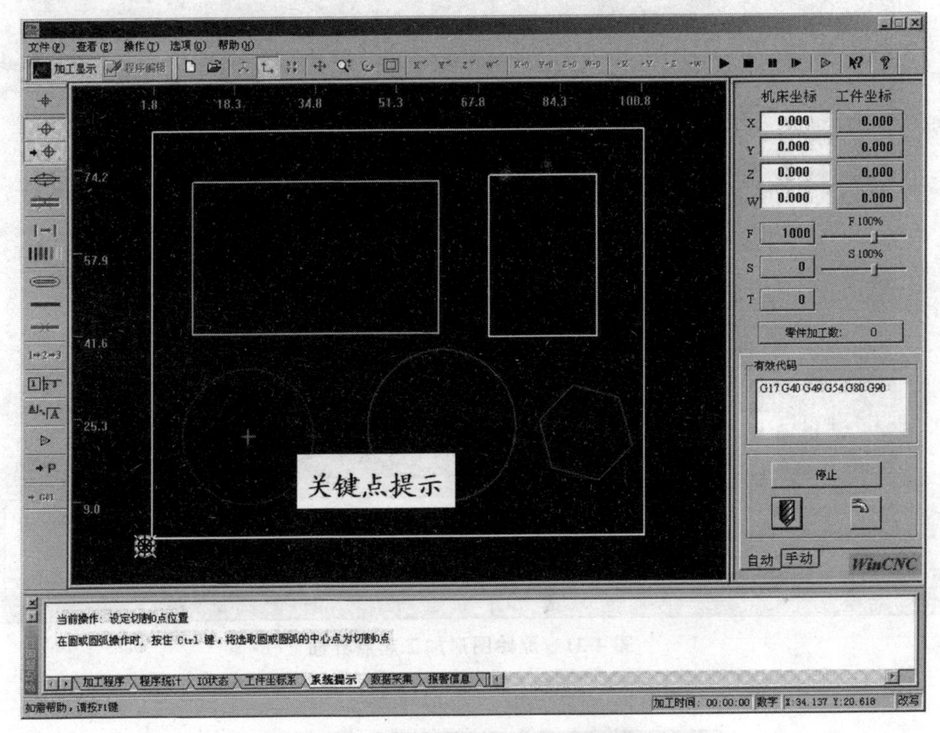

图 4-33 手工自由设零点界面(1)

请扫 I 页二维码看彩图

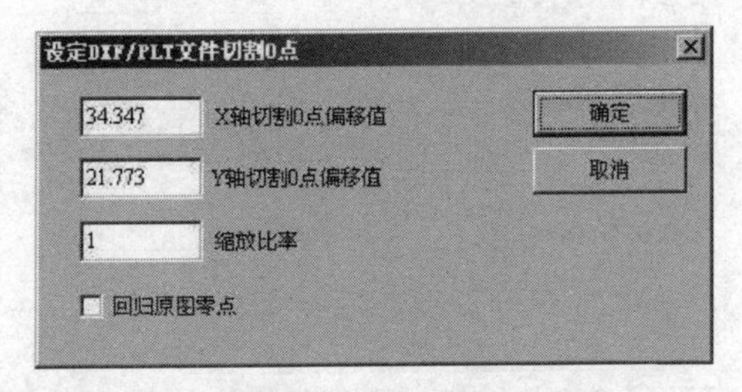

图 4-34 设定 DXF 文件切割 0 点对话框

请扫 I 页二维码看彩图

(4) 旋转角度。

输入角度数值,零件图将以加工零点为旋转点按设定角度进行旋转。

(5) 缩放比率。

输入缩放比率数值,零件图将以设定缩放比率进行缩放。

应注意的是,在圆或圆弧操作中,操作人员按住 Ctrl 键同时单击鼠标左键,则

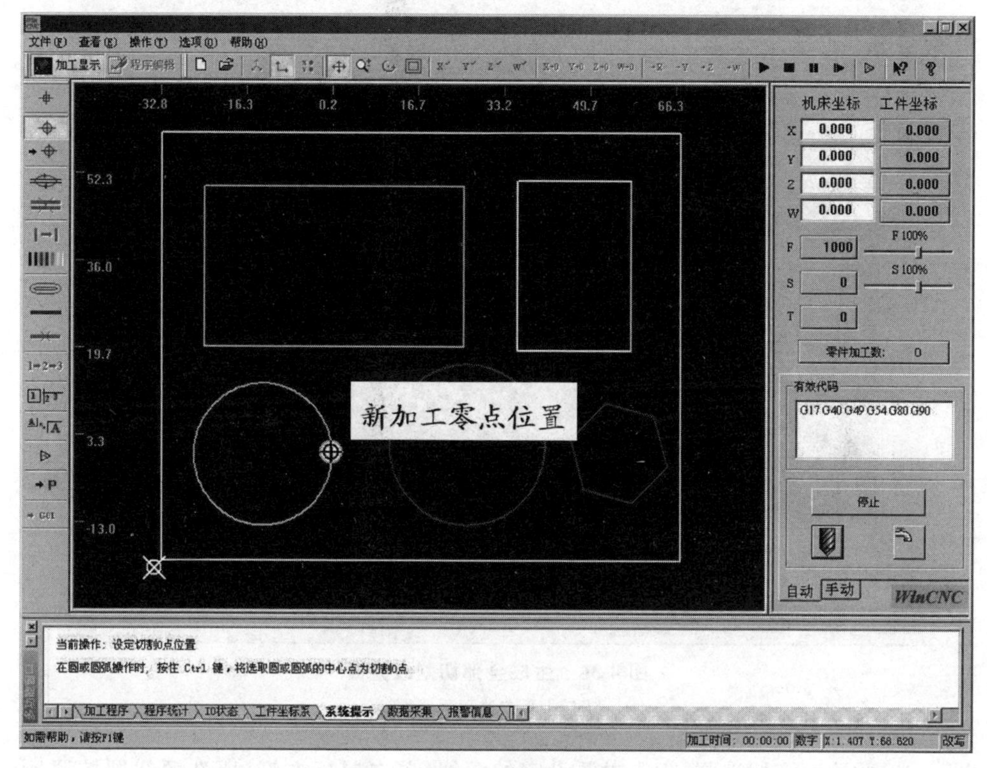

图 4-35　手工自由设零点界面(2)

请扫 I 页二维码看彩图

系统将捕捉圆或圆弧的圆心坐标位置；在设置加工零点时，操作人员只能通过 DXF 格式文件源线进行操作，若已经生成切割线，需先删除切割线，再进行加工零点设置操作。

(6) X 轴/Y 轴镜像。

在部分系统中，“设定 DXF/PLT 文件加工零点模式”对话框还带有 X 轴镜像和 Y 轴镜像功能，如选中 Y 轴镜像，DXF 格式文件图形将以 Y 轴为轴线转动 180°，选中 X 轴镜像也有类似的效果；如同时选中 X 轴镜像和 Y 轴镜像，则相当于图形以工件坐标原点为轴心旋转 180°。

3) 自动生成切割线和删除所有切割线

单击“自动生成切割线”按钮，系统将按源线轨迹自动生成全部切割线，白色源线变为黄色切割线，如图 4-36 所示；单击“删除所有切割线”按钮，系统将自动删除全部切割线，黄色切割线将变为白色源线。

4) 源线切割优先级设定

(1) 手工设定优先级。

单击“手工设定优先级”按钮，系统将弹出“请输入当前设定优先级”对话框，如

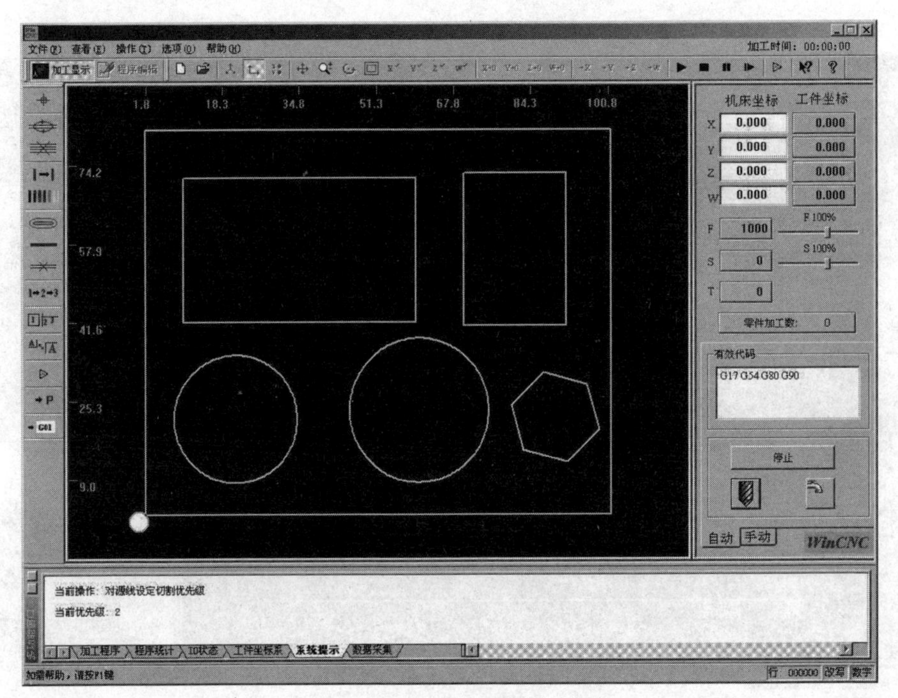

图 4-36　生成全部切割线界面

请扫Ⅰ页二维码看彩图

图 4-37 所示。例如选择 1，选中要设定的源线，单击鼠标左键，所选源线即按照所设定的优先级显示，如图 4-38 所示，图中源线不同颜色对应不同优先级。

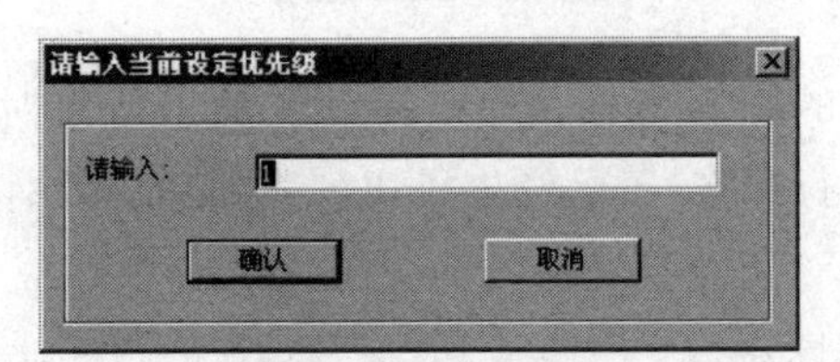

图 4-37　请输入当前设定优先级对话框

请扫Ⅰ页二维码看彩图

(2) 按图层自动设定优先级。

单击“优先级显示及参数设定”按钮，系统将弹出“优先级设定/加工速度设定”对话框，如图 4-39 所示。该对话框包含显示模式、高亮模式颜色选择和分级颜色选择三个部分。选中“按 DXF 文件图层自动设定优先级”可按照图层设定优先级，勾选“导入导出线层有效”则导入导出线层有效。

① 显示模式。

显示模式下，图形中的源线可以采用两种显示方式，选择“高亮显示特定级”，所选源线只按高亮显示，且可通过输入数值来设定高亮显示级别；选择“分色显示所有级”，则所选源线按分级颜色显示。

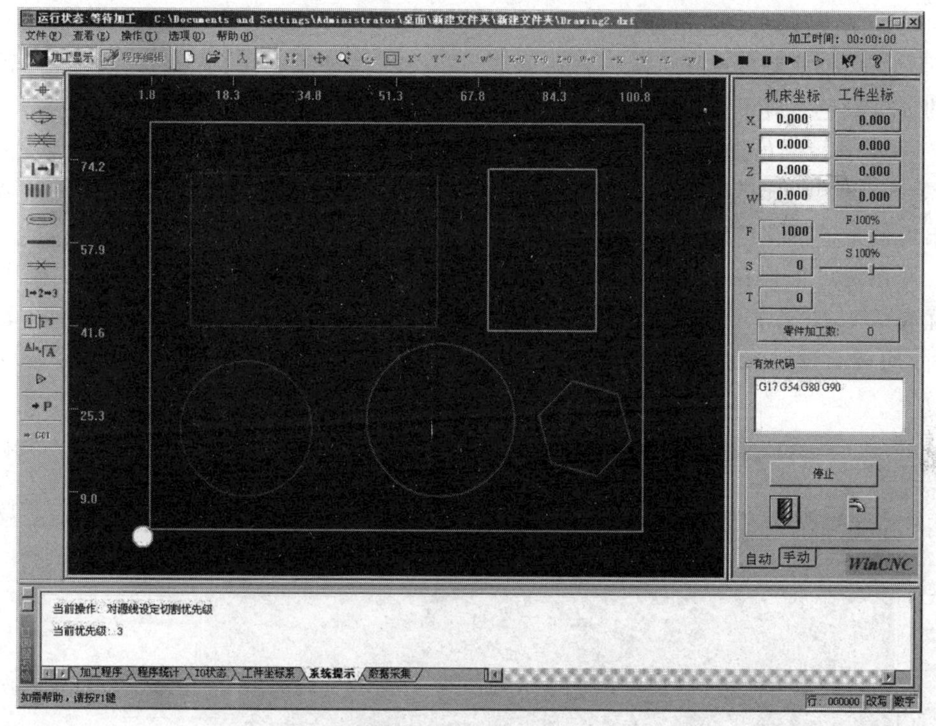

图 4-38　源线优先级显示界面(手动)

请扫Ⅰ页二维码看彩图

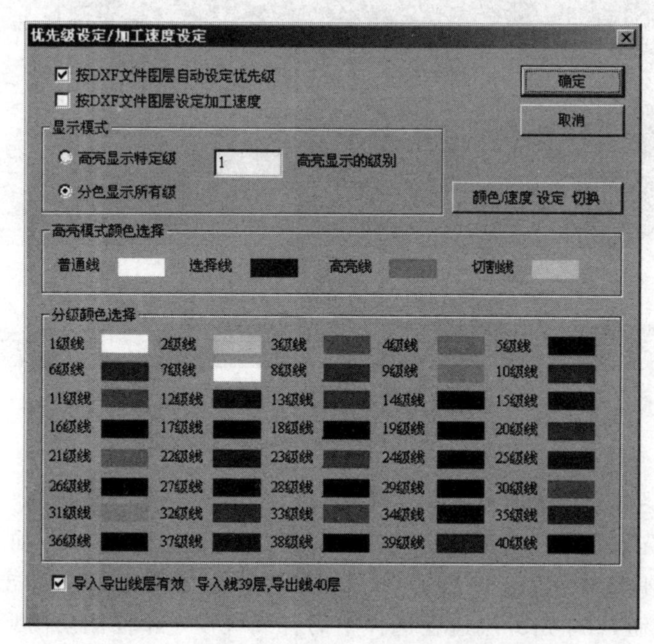

图 4-39　优先级设定/加工速度设定对话框(1)

请扫Ⅰ页二维码看彩图

② 高亮模式颜色选择。

高亮模式颜色选择区域包含普通线、选择线、高亮线和切割线四种功能，其后的各个颜色对应不同功能。

③ 分级颜色选择。

分级颜色选择包含 1～40 号这 40 级线，分别对应 40 种颜色，单击颜色可以调出色调板进行颜色更改。

系统可根据在 CAD 原图中不同图层自动设置源线的优先级，如图层 1 代表优先级 1，图层 2 代表优先级 2，以此类推。当图中有图层 0 或者图层 40 以上时，均自动设置为优先级 7，如图 4-40 所示，为按照图层自动设置优先级的显示效果。

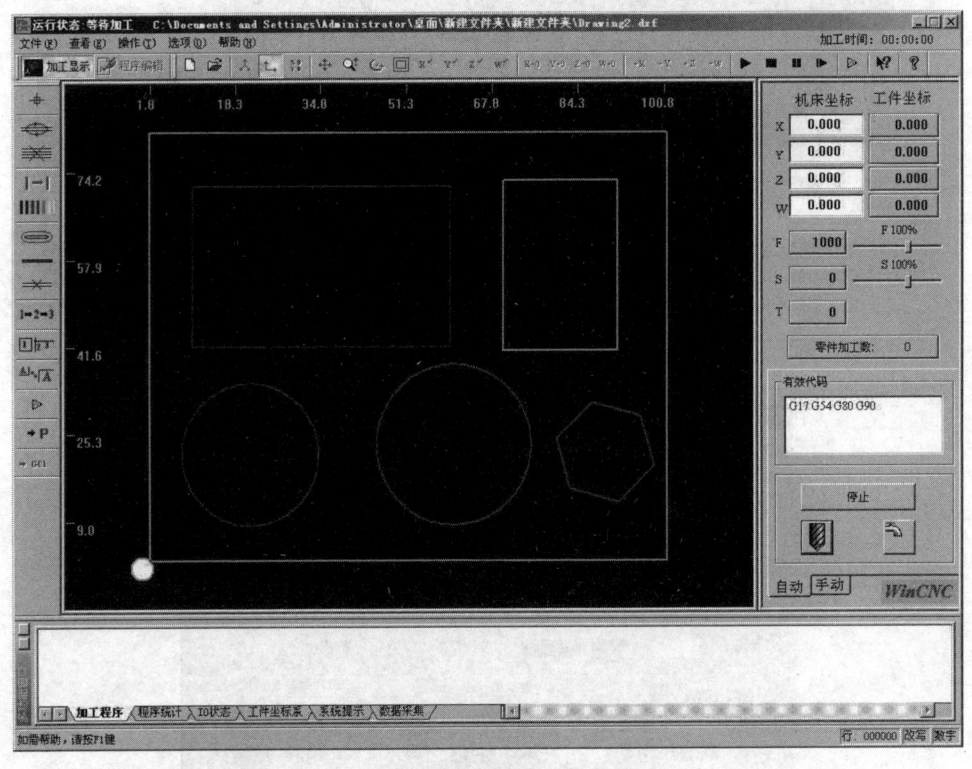

图 4-40 源线优先级显示界面(自动)

请扫 I 页二维码看彩图

5) 按图层自动设定加工速度

单击“优先级显示及参数设定”按钮，系统将弹出“优先级设定/加工速度设定”对话框，如图 4-41 所示，选中“按 DXF 文件图层设定加工速度”并单击“颜色/速度设定 切换”按钮，可单击分层速度选择中的各线级设定不同图层图形对应的加工速度，设置完成后，若已选择“G 代码指定加工速度”，系统将按照分层设定的加工速度进行加工。

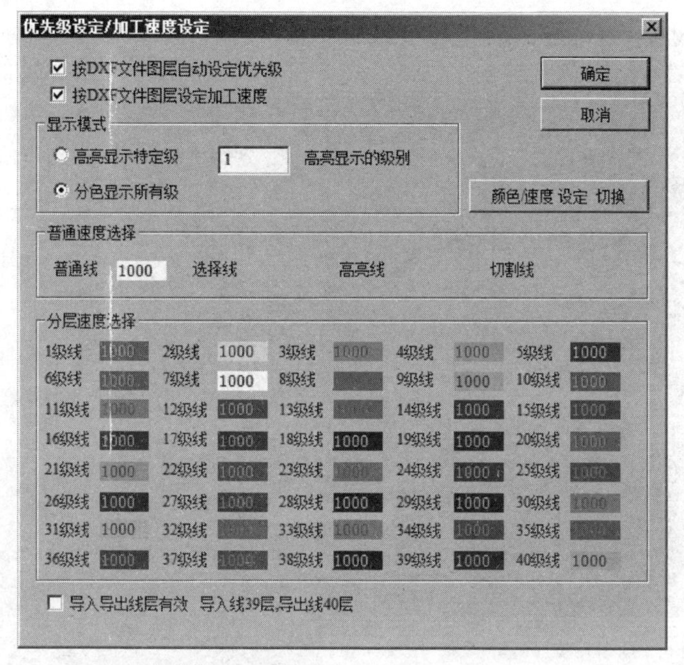

图 4-41　优先级设定/加工速度设定对话框(2)

请扫Ⅰ页二维码看彩图

6）手工设定补偿切割线

(1）补偿尺寸设置。

按住 Ctrl 键并单击“补偿切割”按钮，系统将弹出“请输入切割补偿半径”对话框，如图 4-42 所示，补偿尺寸也可以在系统菜单栏“选项”下的“图形文件转换参数”中进行设置。

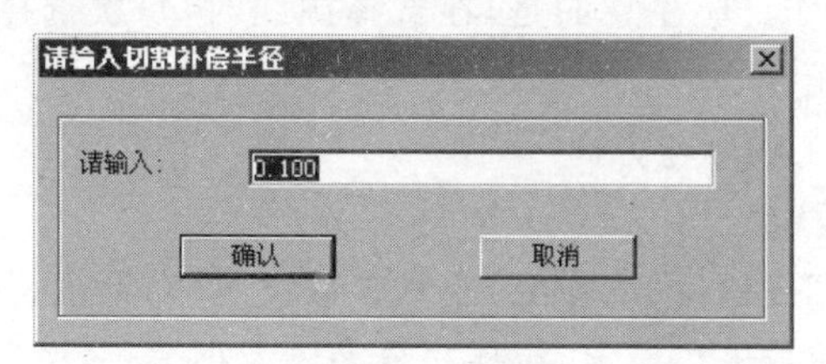

图 4-42　切割补偿半径输入对话框

请扫Ⅰ页二维码看彩图

(2）补偿切割。

单击工具条中的“图形选择模式”按钮，光标变为十字方孔形状，选中所要补偿切割的加工图形元素，则所选图形元素颜色变暗，按照补偿要求和设置的补偿参数在所选的源线内侧或外侧双击鼠标左键，则会在所单击一侧出现绿色线条，如图 4-43 所示箭头指向位置，单击鼠标右键确定，绿色线条变为亮黄色，内和外分别被称为内补偿和外补偿。

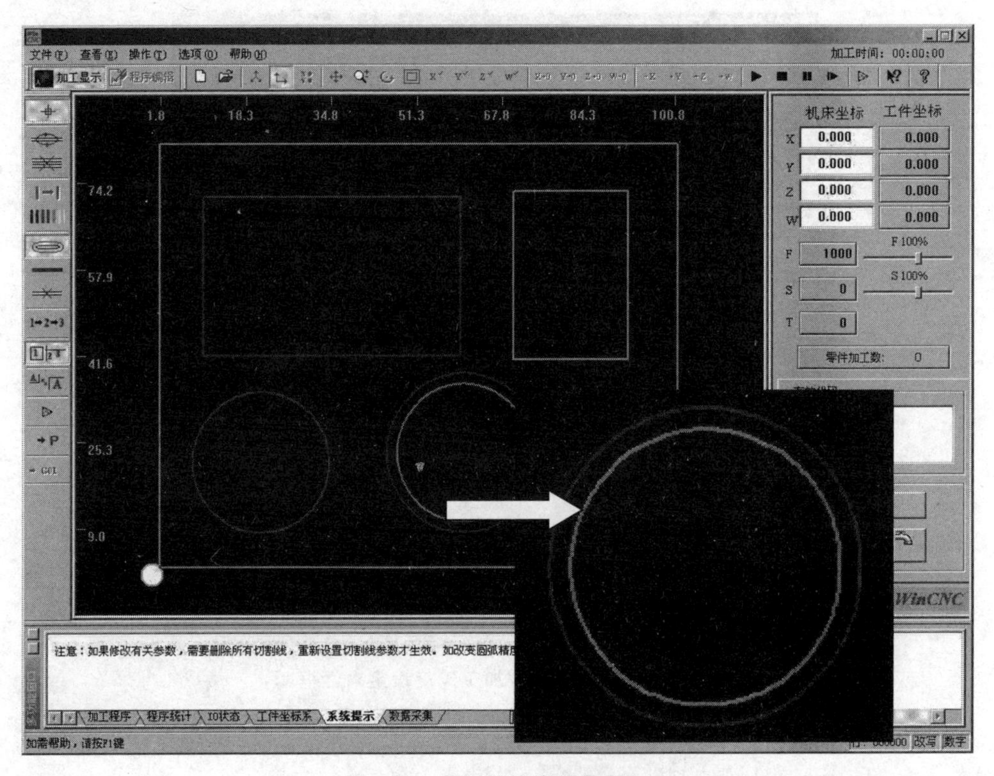

图 4-43　图形补偿线设置界面

请扫Ⅰ页二维码看彩图

在设置补偿线的过程中，如出现操作错误或参数设定错误，可在生成绿色线条时，按 Esc 键取消操作；生成的黄色补偿切割线也可以通过单击“删除一条切割线”按钮进行删除操作。应注意的是，在选择源线时，每次选择的源线必须是单条线或多条相连接的线。

7）手工设定加工顺序与方向

（1）加工顺序设定。

单击“排序参数”按钮，系统弹出“序号参数设定”对话框，如图 4-44 所示，可对加工次序显示相关参数进行设定，包括序号字体大小、当前序号值和图形中切割顺序号的显示方式，可以全部显示，也可以只显示部分序号。

单击“显示加工序号”按钮，主界面图形将显示加工顺序号，如图 4-45 所示。

单击“手动设置加工次序”按钮，系统将弹出“请输入当前序号”对话框，如图 4-46 所示，对话框中的数字表示当前设定的加工顺序号，系统提示框显示当前操作方式和当前序号。如输入“1”，单击确认后，单击所选择的如图 4-45 所示 4 号线条，可发现 4 号线条变成“1”号加工线，系统提示框变为设定加工排序 2，表示可以继续设定第二步加工的线条，如图 4-47 所示。

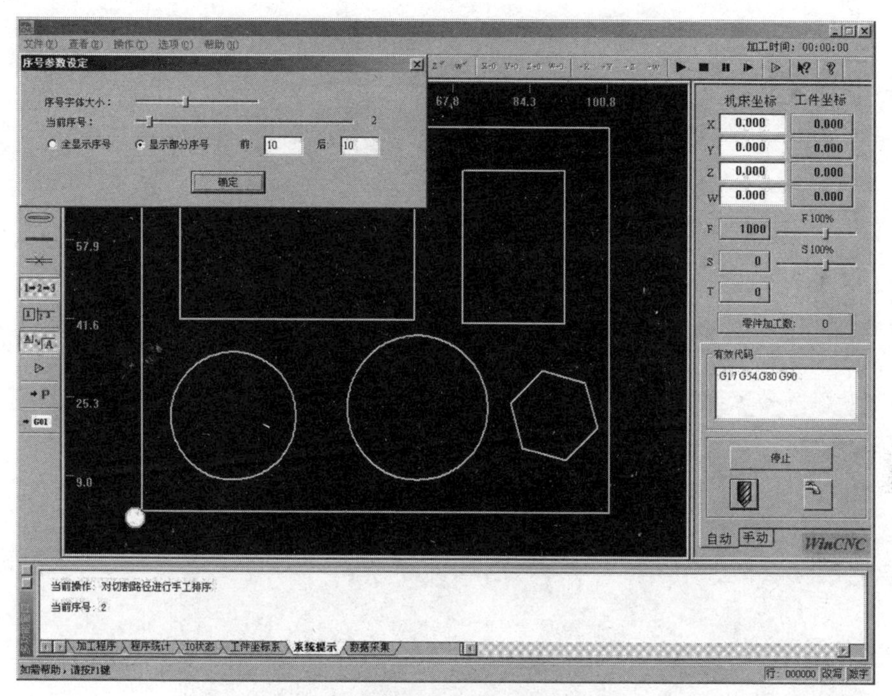

图 4-44 序号参数设定界面

请扫Ⅰ页二维码看彩图

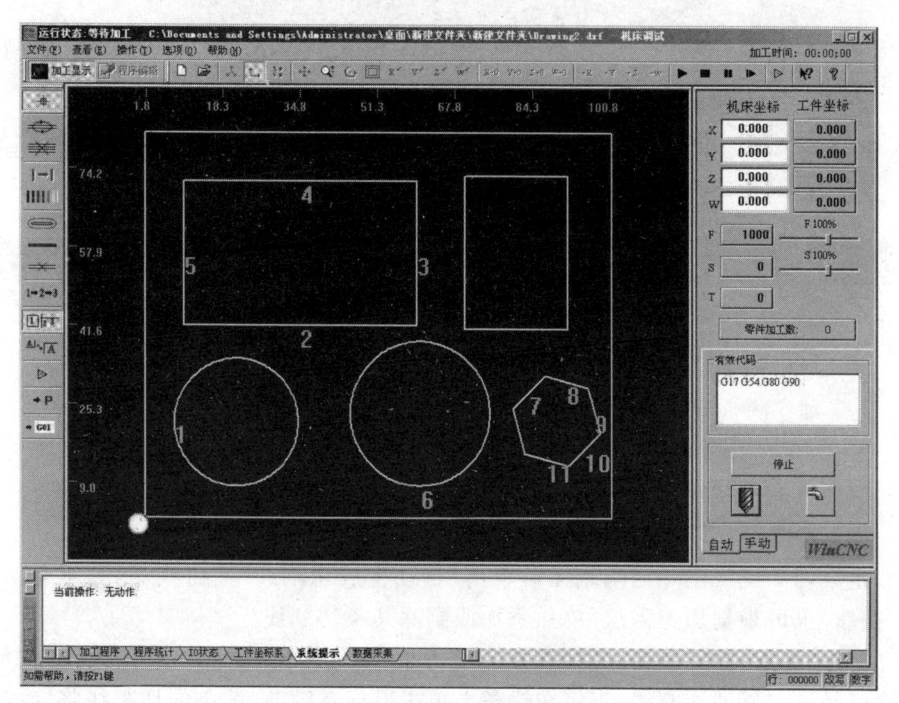

图 4-45 显示加工顺序号界面

请扫Ⅰ页二维码看彩图

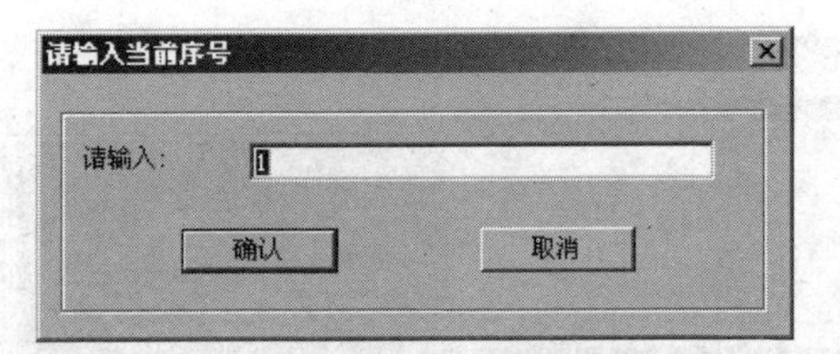

图 4-46　输入当前序号对话框

请扫 I 页二维码看彩图

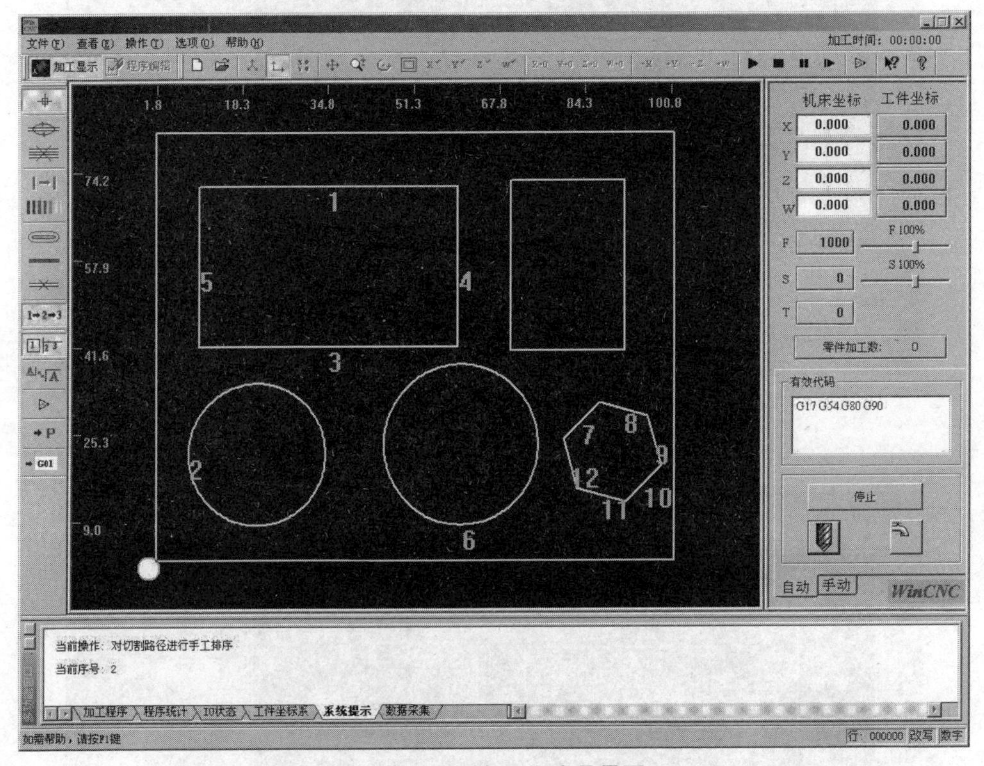

图 4-47　显示加工顺序号界面

请扫 I 页二维码看彩图

(2) 加工方向设定。

单击“手动设置加工次序”按钮，然后按住 Ctrl 键，单击某条切割线，系统将对该切割线方向进行转换，如图 4-48 所示。

(3) 其他设定。

生成切割线或删除切割线无需单击“自动生成切割线”按钮或“删除所有切割线”按钮，也可根据加工需求，单独添加或删除某条切割线。

单击“图形选择”按钮，光标变成十字方框形状，单击“删除一条切割线”按钮，删除已经设定好的切割线，直接在线条上单击鼠标左键，则黄色的切割线将变成白色的源线，自动加工时将取消对该线条的加工。

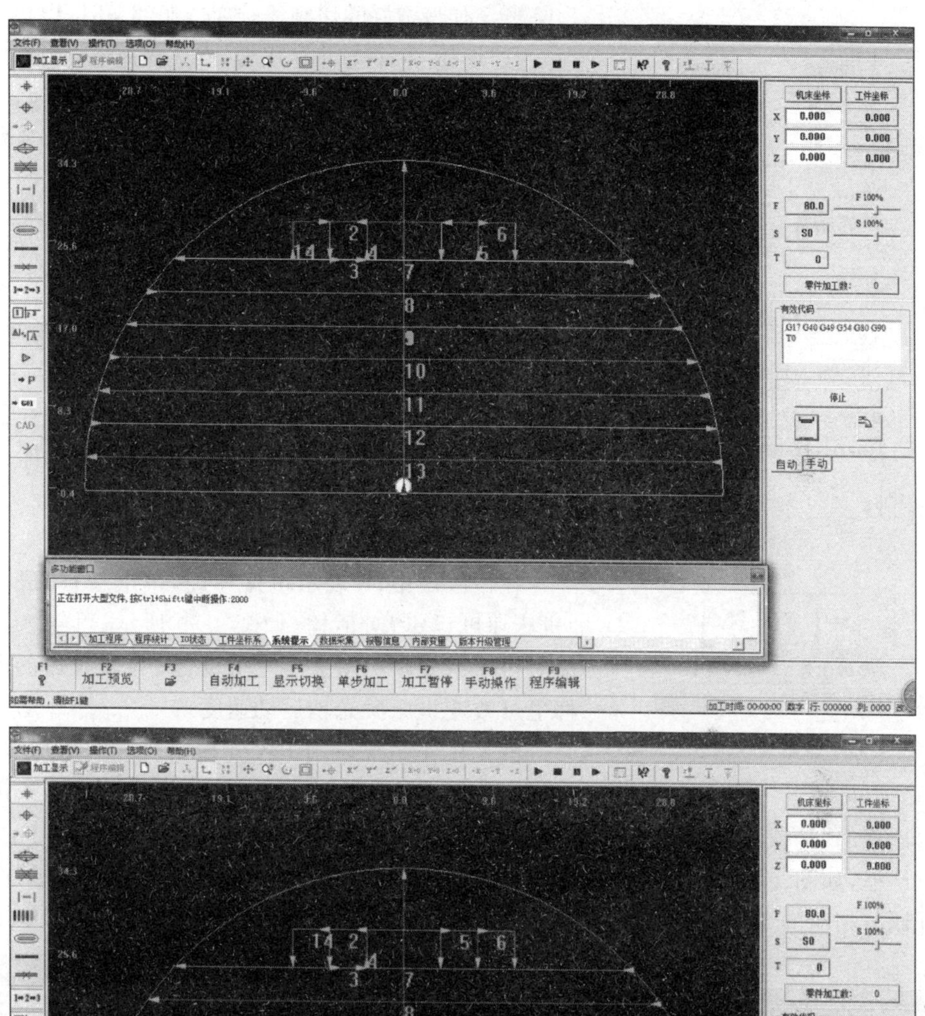

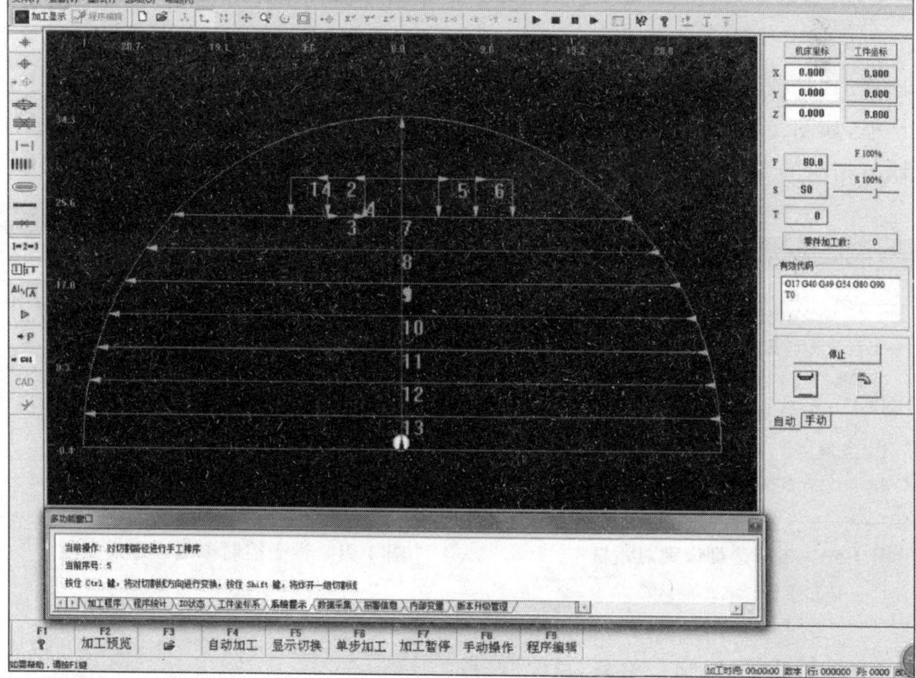

图 4-48　显示加工方向界面

请扫 I 页二维码看彩图

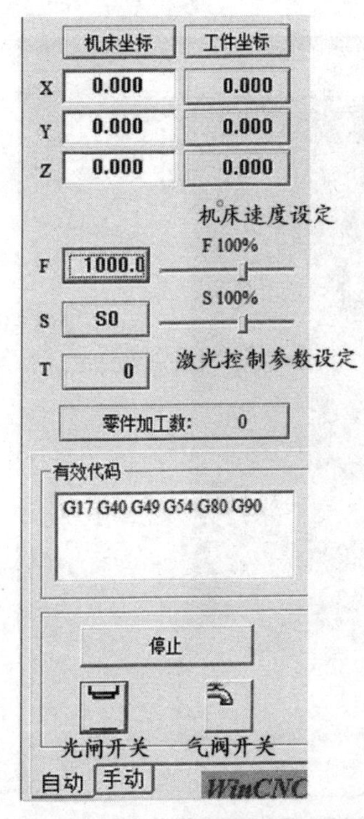

图 4-49 设备操作快速设置窗口

请扫 I 页二维码看彩图

除了使设定好的切割线转变成源线，还可以单击“原线切割”按钮，根据加工需要，有选择地生成沿源线的切割线，被选线条从白色源线转变成黄色切割线。

生成切割线后，单击“加工预览”按钮，可预览加工顺序。在自动生成切割线时，系统将按源线的优先级生成切割线的加工顺序。

2. 设备操作快速设置窗口(自动)

设备操作快速设置窗口(自动)如图 4-49 所示。

1）坐标设定区

该区域主要用来显示“机床坐标”和“工件坐标”位置。在工件切割加工前，应手动设置机床坐标原点和工件坐标原点重合。

2）机床速度和激光控制参数设定

在该区域中，F 表示机床速度，单击按键，进入“机床速度设定”对话框，如图 4-50 所示，可输入数值对机床激光轴运动速度进行设置；拉动其后的滑杆也可改变机床激光轴运动速度。

激光操作系统应用 PWM 控制激光输出功率，S 表示 PWM 频率设定，T 表示 PWM 的脉宽，按键内出现的“S”代表当前自动控制激光已开启，单击按键，弹出“激光控制参数设定”对话框，如图 4-51 所示，可输入数值对激光控制参数进行设置；亦可拉动其后的滑杆调节相应的激光控制参数。

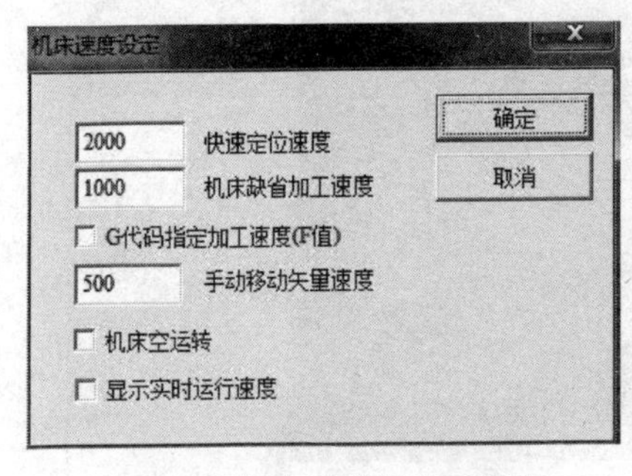

图 4-50 机床速度设定对话框

请扫 I 页二维码看彩图

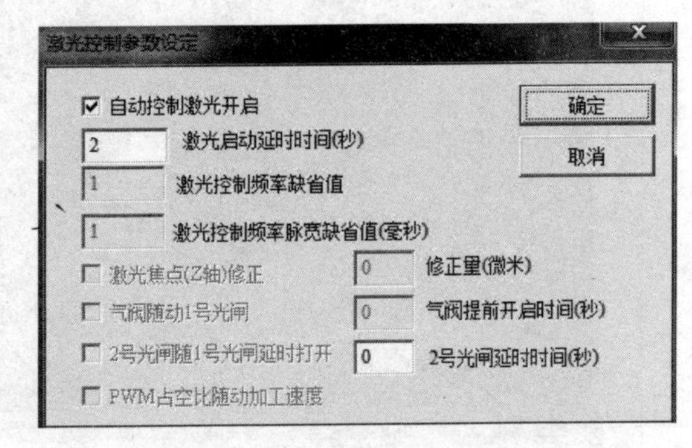

图 4-51 激光控制参数设定对话框

请扫 I 页二维码看彩图

3）光闸开关、气阀开关和“急停”按键

这个区域包含光闸开关、气阀开关和急停三个虚拟按键。光闸开关是激光光闸开启和闭合的手动控制开关，可在机床运行的任意时刻对光闸的开启和闭合进行控制。光闸可有效阻挡高能量激光光束，通常在工件自动切割加工过程中，光闸开关会自动按照既定的加工程序开启和关闭，实现工件的非连续切割。

气阀开关是激光刀头气阀的控制开关，可在机床运行的任意时刻对气阀的开启和闭合进行控制，刀头排出的高压空气可有效阻止切割加工产生的高温废屑进入刀头内部，避免废屑沉积在镜片表面造成激光透光性下降甚至镜片损伤。同时，将工件表面切口处的废屑排除，有助于工件切割加工，又可有效降低工件和刀头的温度。

“急停”按键是激光切割加工过程中激光轴的停止按键，在加工过程中，如发现加工路径错误或参数设置错误，可按“急停”虚拟按键使加工停止（暂停），可有效避免加工失误等因素造成的损失。

3. 设备操作快速设置窗口（手动）

单击“手动”按钮，系统进入手动状态，设备操作快速设置窗口（手动）如图 4-52 所示。

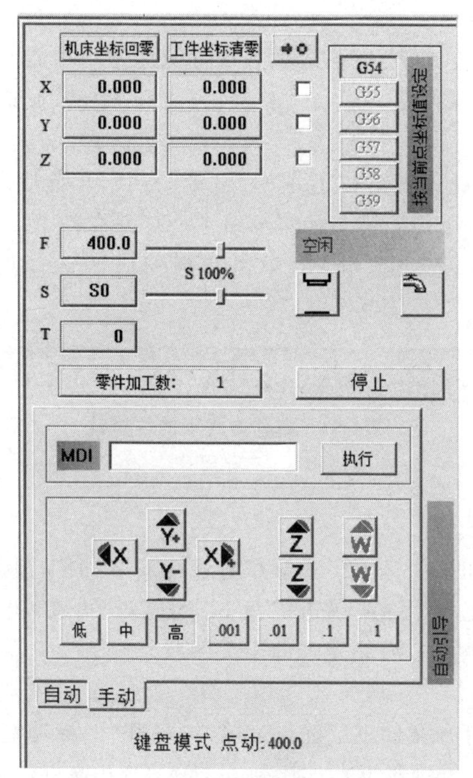

图 4-52　激光控制参数设定对话框

请扫 I 页二维码看彩图

设备操作快速设置窗口（手动）常用区域包括坐标设定区和虚拟键盘操作区，主要用于手动设置机床坐标原点与工件坐标原点和调整激光刀头位置。

1）坐标设定区

坐标设定区可通过鼠标左键单击“机床坐标回零”按键和“工件坐标清零”按键对机床坐标和工件坐标进行设定。

2）虚拟键盘操作区

虚拟键盘操作区包括 X、Y、Z 三个轴方向键，其中 X 轴和 Y 轴方向键可控制激光刀头前后左右移动，也可通过键盘上的方向键进行操作，主要用于确定工件坐标零点位置；Z 轴方向键可控制激光刀头上下移动，只能使用虚拟键盘进行操作，主要用于激光聚焦过程，坐标设定区可以显示三轴移动的坐标值变化量。所有手动操作均假定激光刀头相对于静止的工件进行移动，激光切割加工前对刀过程将在“激光切割机加工实例”中进行说明。

虚拟键盘操作区还包括 7 个速度调节键，分别为“低”“中”“高”“0.001”“0.01”“0.1”“1”，主要用于调节主轴运动倍率。在精准对刀过程中，主轴运动倍率调节至关重要，主轴默认初始倍率为“1”。

4. 快捷键

在部分界面显示方式下，可通过参数设置调用常用功能的快捷方式按键，通常设置在主界面的最底端位置，分别在“自动”方式和“手动”方式下显示。

1）自动方式

单击设备操作快速设置窗口下端的“自动”方式，界面底端将出现快捷键功能区，如图 4-53 所示，常用快捷键有加工预览 F2、打开文件 F3、自动加工 F4、单步加工 F6、加工暂停 F7 和手动操作 F8，单击其后对应的键盘功能键也可执行相应操作。

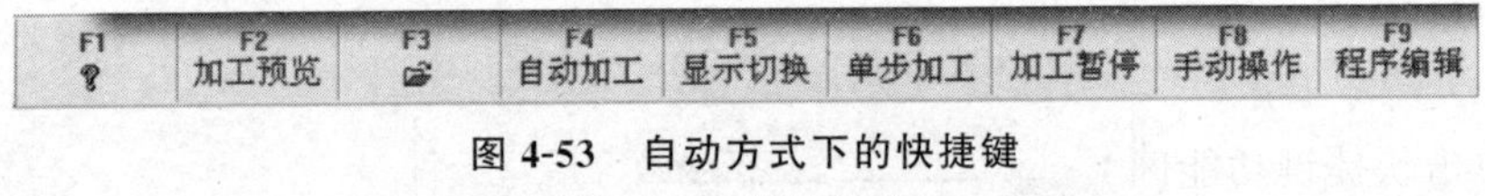

图 4-53　自动方式下的快捷键

请扫 I 页二维码看彩图

（1）加工预览 F2。

快捷键功能区“加工预览 F2”键与专用工具条中“加工预览”按钮功能相同，鼠标左键单击“加工预览 F2”键或单击键盘 F2 功能键，可在切割加工前浏览整个加工过程。加工预览过程中，激光光闸处于关闭状态。

（2）打开文件 F3。

快捷键功能区“打开文件 F3”键与菜单栏“打开”图标功能相同，鼠标左键单击“打开文件 F3”键或单击键盘 F3 功能键，可导入 DXF 文件数据。

（3）自动加工 F4。

单击快捷键功能区“自动加工 F4”键或单击键盘 F4 功能键，设备进入自动运行状态，气阀开关打开，激光刀头向加工起点移动，到达加工起点位置后，光闸开关打开，高能激光光束按照切割线设定轨迹对工件进行自动切割加工。

(4) 单步加工 F6。

单击快捷键功能区“单步加工 F6”键或单击键盘 F6 功能键，高能激光光束按照切割线设定轨迹对工件进行单线条切割加工。每单击“单步加工 F6”键一次，激光头行进一步过程。

(5) 加工暂停 F7。

当设备处于自动加工过程中，如发现操作失误或参数设置错误，需鼠标左键单击快捷键功能区“加工暂停 F7”键或单击键盘 F7 功能键，即可关闭光闸开关。激光刀头位置不变，气阀开关关闭，加工停止。

(6) 手动操作 F8。

快捷键功能区“手动操作 F8”键与设备操作快速设置窗口下端的“手动”方式功能相同，鼠标左键单击快捷键功能区“手动操作 F8”键或单击键盘 F8 功能键，即可进入“手动”方式。

2) 手动方式

单击设备操作快速设置窗口下端的“手动”方式，界面底端将出现快捷键功能区，如图 4-54 所示。常用快捷键有回零 F5、清零 F6 和返回 F9，单击其后对应的键盘功能键也可执行相应操作。

图 4-54　手动方式下的快捷键

请扫 I 页二维码看彩图

(1) 回零 F5。

单击快捷键功能区“回零 F5”键或单击键盘 F5 功能键，可使各轴返回机械零点。

(2) 清零 F6。

单击快捷键功能区“清零 F6”键或单击键盘 F6 功能键，可使各轴的工件坐标系清零。

(3) 返回 F9。

“返回 F9”键功能与“自动”方式下“手动操作 F8”键功能相对应，鼠标左键单击快捷键功能区“返回 F9”键或单击键盘 F9 功能键，可使界面返回“自动”方式。

4.3.5　激光切割机操作流程

本章以在直径 15mm、厚 5mm 的氮化硅陶瓷片上切割直径 13mm、厚 5mm 的圆柱为例。

(1) 开启墙壁设备电源，“电源指示”灯亮。

(2) 顺时针转动“急停”按钮，使按钮弹出，开启主机，设备蜂鸣器报警，按下“冷水机”按钮，循环水机开始运行，3s 后即可解除报警。

(3) 待报警音停止后，按下“计算机”按钮开启计算机。

(4) 双击“AutoCAD 2007”图标打开软件进行作图，图形为直径 13mm 的圆，其圆心位置与坐标原点重合，并保存图片至指定位置，图片格式为. dxf，如图 4-55 所示。

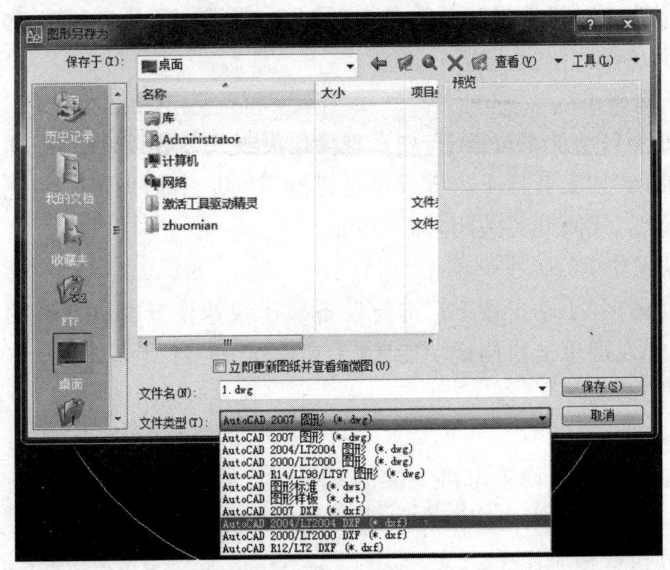

图 4-55　图形文件保存界面

请扫 I 页二维码看彩图

(5) 关闭 AutoCAD 2007 软件，双击“WinCNC”图标打开软件，界面如图 4-29 所示。单击菜单栏“打开”图标导入 DXF 文件数据，并单击专用工具条“自动生成切割线”按键，白色源线变为黄色切割线，如图 4-56 所示。

(6) 按下“工作台”和“工作灯”按钮，工作台被锁定。通过键盘方向键调整卡盘位置，使其便于装夹工件。

激光切割机对焦视频

激光切割机确定工件中心位置视频

(7) 装夹工件。如图 4-57 所示，将扳手插入三爪卡盘方孔内，逆时针转动扳手至合适位置，装夹预加工工件后顺时针拧紧卡盘，使工件牢固即可。如工件尺寸较小，无法直接装夹在卡盘内，可将工件固定在较大的圆形金属块上再进行装夹。

(8) 激光对焦。双击桌面“AMCAP 软件”图标打开软件，按下“监控”按钮，在 WinCNC 软件“手动”状态下通过调整“Z轴”高度调节聚焦物镜与工件表面的距离，对预切割工件表面进行对焦，直至图像达到最清晰状态，如图 4-58 所示。

(9) 确定工件中心点位置。如图 4-59 所示，使用键盘方向键或 WinCNC 软件的虚拟方向键移动激光刀头至“＋Y”方向工件边缘处，按“F5”键出现对话框，按“Enter”键清零，如图 4-60 所示；再移动激光刀头至“－Y”方向工件边缘处，显示数值为 M，按“F8”键出现对话框，在对话框中输入“y＋A”(A 为|M/2|)，按“Enter”键，则激

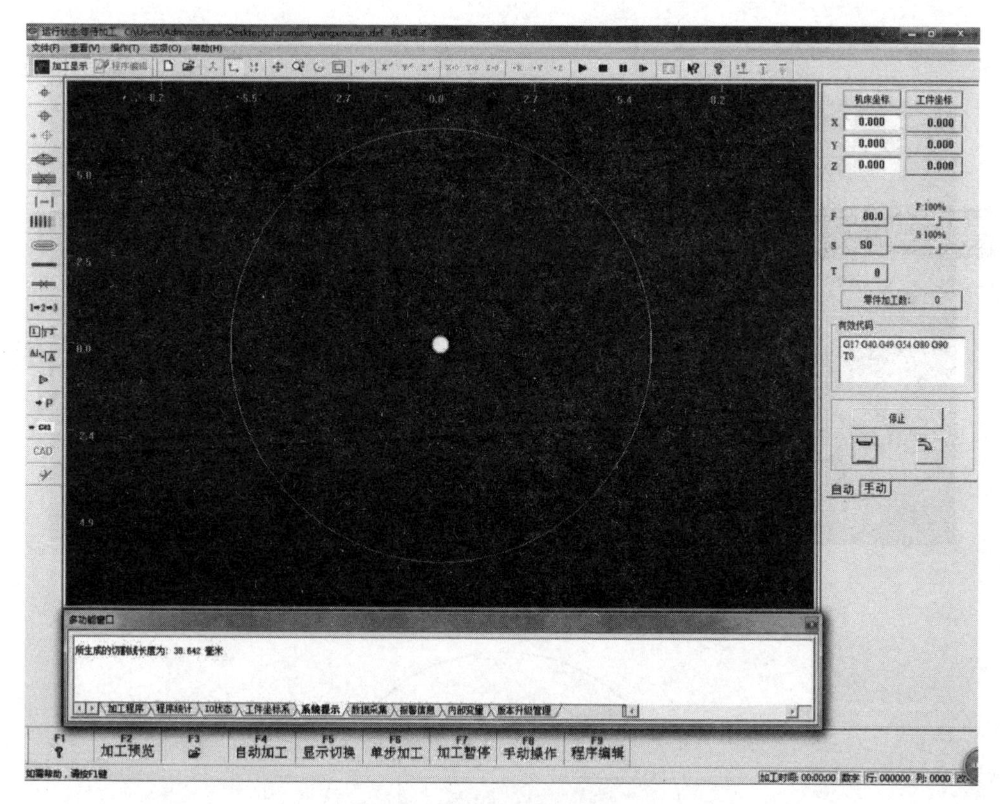

图 4-56　自动生成切割线界面

请扫Ⅰ页二维码看彩图

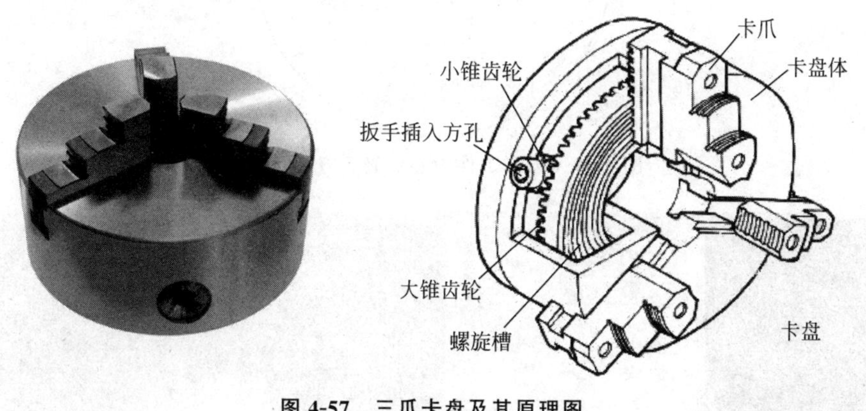

图 4-57　三爪卡盘及其原理图

光刀头自行向“＋Y”方向移动至|M/2|处，即当前激光刀头所处位置为工件上 Y 轴中线经过的某点的位置，如图 4-61 所示；Y 轴固定不动，使激光刀头在 X 轴方向进行同样的操作，两条中线交点即工件中心点位置。中心点位置确定后，按“F5”键和“Enter”键清零，使工件中心点位置与图形中心点位置重合，返回 WinCNC 软件“自动”状态。

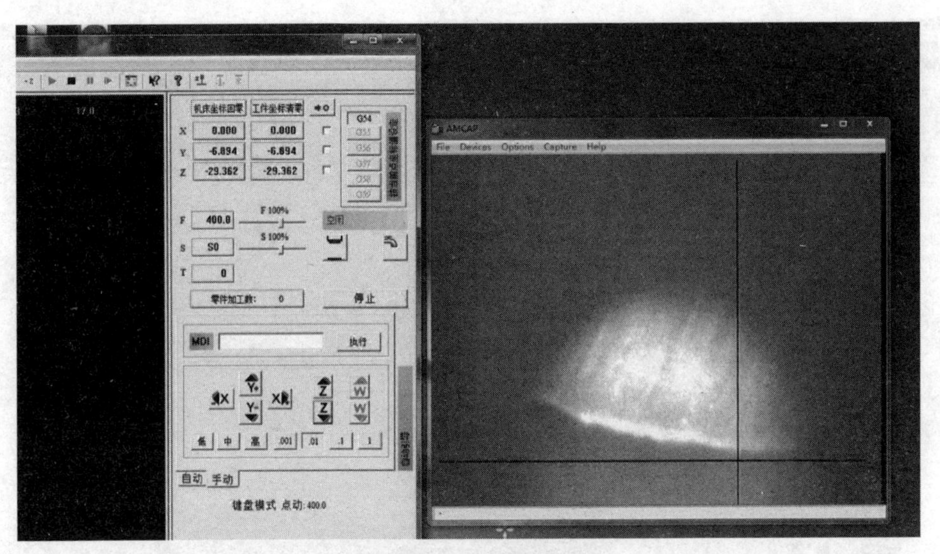

图 4-58 激光对焦界面

请扫Ⅰ页二维码看彩图

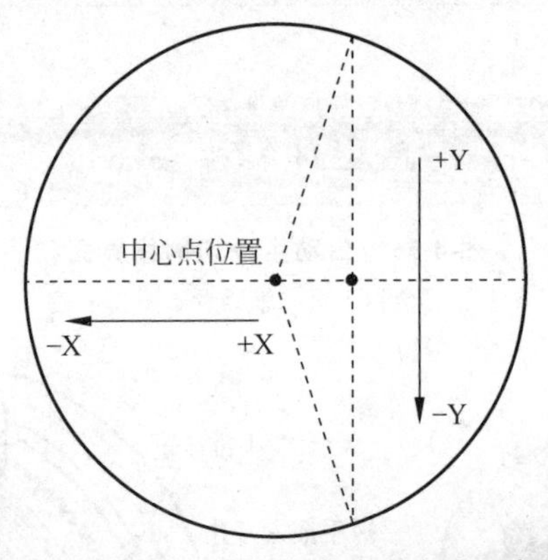

图 4-59 圆形工件中心点确定方法示意图

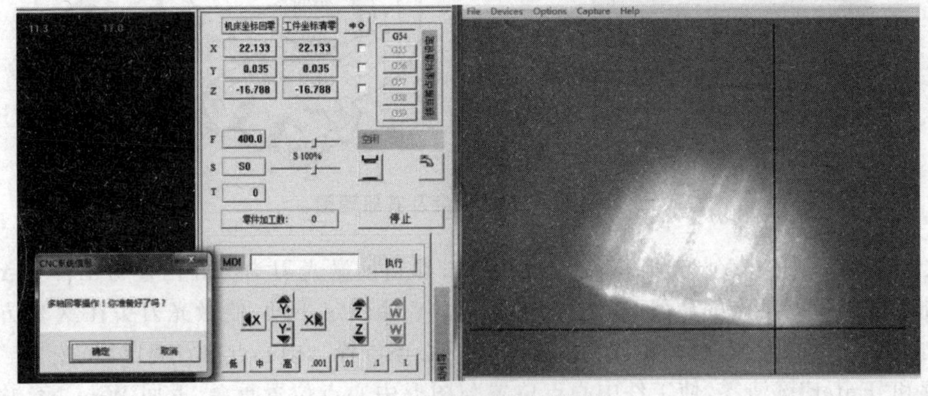

图 4-60 激光主轴回零界面

请扫Ⅰ页二维码看彩图

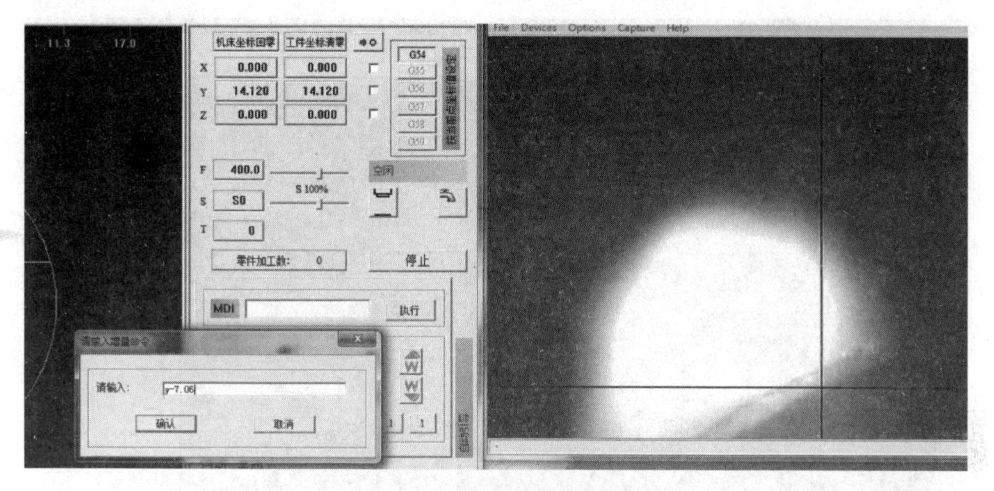

图 4-61　确定工件中心点位置界面

请扫 I 页二维码看彩图

(10) 转动钥匙开关至“开/on”处,依次开启激光电源,选择合适的激光功率、激光脉冲频率和切割速率等参数,如图 4-62 所示。

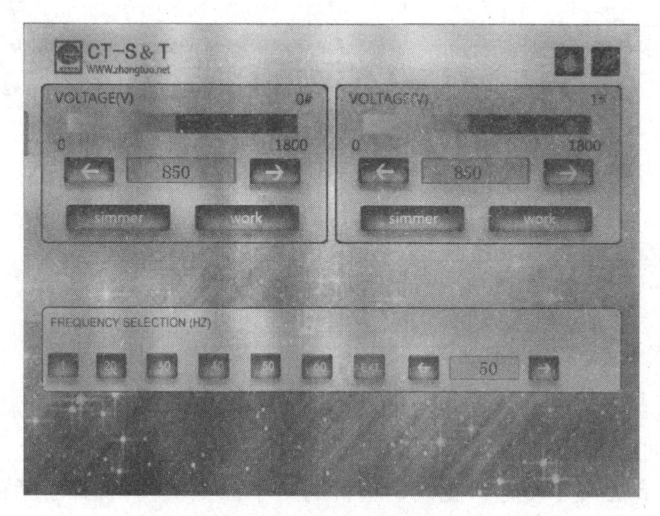

图 4-62　激光参数设置界面

请扫 I 页二维码看彩图

(11) 单击专用工具条上“模拟加工”按键,检查激光运行过程无误后,按下“排尘”按钮,单击键盘上的“F4”键或 WinCNC 软件屏幕下方“自动加工”按键,对工件进行切割加工(图 4-63)。

(12) 切割加工完成后,关闭排尘后依次关闭激光电源,后转动钥匙开关至“关/off”处,5～10min 后关闭循环水机后按“急停”按钮关机,关闭墙壁电源。

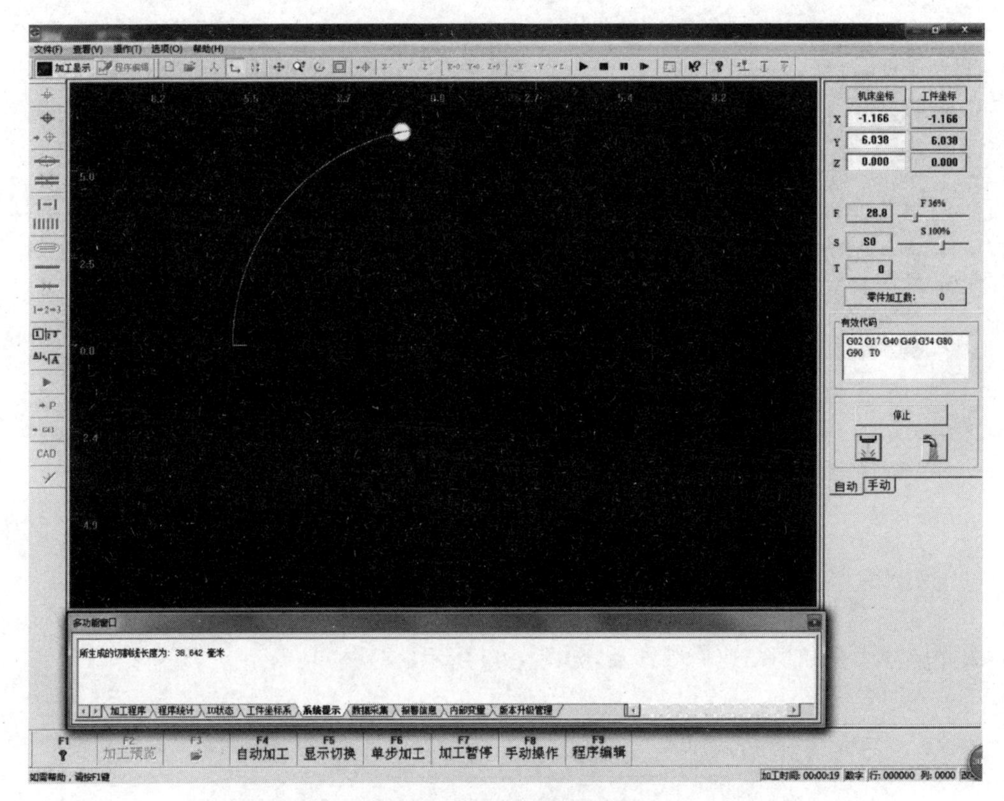

图 4-63 激光切割加工界面

请扫Ⅰ页二维码看彩图

4.4 注意事项

4.4.1 电火花线切割机

(1) 操作者必须熟悉电火花线切割机机床基本使用规程，开机前应作全面检查，无误后方可进行操作；

(2) 操作者必须了解电火花线切割机的基本加工工艺，选择合适的加工参数，按规定的操作顺序操作，防止造成意外断丝或超范围切割等现象；

(3) 用摇柄操作储丝筒后，应及时将摇柄拔出，防止储丝筒转动将摇柄甩出伤人，换下的丝要放在指定容器内，防止混入电路或运丝机构；

(4) 注意防止因储丝筒惯性造成的断丝及传动件的碰撞，因此停机时要在储丝筒刚换完向时按下停止键；

(5) 加工前尽量消除工件残余应力，安置好防护罩，防止切割中工件爆裂伤人；

(6) 切割工件前应确认装夹位置是否合适，防止碰撞丝架或因超程撞坏丝杆和丝母，对于无超程限位的工作台，要防止坠落事故；

(7) 禁止用湿手按开关或接触电器部分,防止冷却液进入机床电柜内部,一旦发生事故应立即切断电源,用灭火器把火扑灭,禁止用水救火;

(8) 运丝时,操作者不要站在 X 轴手轮位置和储丝筒正后方,防止突然断丝伤人或污水飞溅;

(9) 禁止高频开启后同时接触电极丝和工件,以免发生触电造成危险;

(10) 本机加工时会产生火花放电,禁止在工作区域放置易燃易爆物品。

4.4.2 激光切割机

(1) 开机前,必须先开启循环水机,循环水机温度为 24～30℃;

(2) 当工作台处于锁定状态时,切勿转动工作台旋钮;

(3) 激光切割机主要加工高强度、高硬度、高熔点且不透明的材料;

(4) 切割工件前,需开启气泵;切割完毕后,要及时关闭激光电源;

(5) 本设备在切割工件过程中易产生粉尘飞溅,对操作者的呼吸系统有一定伤害,操作时除排尘外还应佩戴口罩,做好必要防护;

(6) 设备运行过程会产生较强光束,切割工件时要及时关闭防护罩,防止对人体(特别是眼部)造成伤害;

(7) 本机加工时会产生火花,禁止在工作区域放置易燃易爆物品。

4.5 思考题

(1) 电火花线切割机的加工原理是什么?

(2) 线切割加工有哪些优点和缺点?

(3) 电火花线切割机的加工特点有哪些?

(4) 激光切割机如何确定工件中心点位置?

第5章

工具的焊接加工

5.1 概述

焊接加工是以加热、加压或二者并用的方式将两种或两种以上同种或异种材料通过原子或分子之间的结合和扩散连接成一体的工艺过程，是材料生产加工中常见且不可或缺的加工方式。按工艺特点不同，通常会将焊接分为以下三类。

1. 熔焊

熔焊指对接合的工件进行加热，使其局部熔化形成熔池，熔池冷却凝固后接合的焊接方法，必要时可加入熔填物辅助。该方法适合各种金属和合金的焊接加工，焊接过程无需压力。

在熔焊过程中，如果大气与高温的熔池直接接触，大气中的氧就会与熔池的金属或合金发生反应，造成金属或合金元素氧化，同时大气中的氮、水蒸气等进入熔池后，还会在冷却过程中于焊缝处形成气孔、夹渣、裂纹等缺陷，将极大降低焊接的质量和工件性能。

为了提高焊接质量，人们研究出了各种工艺保护方法。如气体保护电弧焊，利用氩气、二氧化碳等气体隔绝大气，以保护焊接时的电弧和熔池；又如钢材焊接时，在焊条药皮中加入对氧亲和力大的钛铁粉进行脱氧，即可以很好地保护焊条中锰、硅等有益元素免于氧化而进入熔池，冷却后便可获得优质焊缝。

2. 压焊

压焊指焊接过程必须对焊件施加压力的焊接方式，可用于各种金属材料的焊接加工。各类压焊方法的共同特点是在焊接过程中均需对焊件施加压力，而不加填充材料。很多压焊方法，如高频焊、冷压焊、扩散焊等均没有熔化过程，可避免有益合金元素烧损和有害元素侵入焊缝的问题，从而简化了焊接过程。同时，压焊方式加热温度较低、时间较短，因此其热影响区小。许多难以用熔焊方式加工的材料，往往可以通过压焊方式加工成与母材同等强度的优质接头。

3. 钎焊

钎焊是采用比母材熔点低的金属材料做钎料，利用液态钎料润湿母材，填充固态工件间隙,并与母材互相扩散融渗实现焊件连接的焊接方式。钎焊适合于各种材料的焊接加工。钎焊前,必须对焊件进行细致的加工和严格清洗,去除母材接触面上的污垢和过厚的氧化膜,使毛细管在钎料熔化后充分发挥作用,增加钎料的润湿性和毛细流动性。表面清洗好的焊件以搭接形式装配在一起,将钎料置于接头间隙附近或间隙之间。当加热温度稍高于钎料熔点温度时,钎料熔化并借助毛细作用被吸入和充满固态焊件间隙之间,液态钎料与焊件金属相互扩散融渗,冷凝后即形成钎焊接头。钎焊工艺具有变形小、接头光滑美观等特点,适用于焊接精密复杂或由不同材料构成的组件,如透平叶片、蜂窝结构板、硬质合金刀具和印刷电路板等。

超硬材料具有高强度、高熔点的特点,通常会选用钎焊方式对其工具进行焊接加工。本章介绍两种常用的超硬材料工具的钎焊工艺——真空焊接和高频焊接,所使用的设备分别是高真空焊接机和高频焊接机。

高真空焊接机是一类针对高端产品的工艺焊接炉,如激光器件、航空、航天、电动汽车等行业,和传统链式炉相比,具有较大的技术优势。真空焊接机可以焊接很多材料,由于采用了真空密封技术,不光对合金、PCD、CBN 有效,而且对被认为无法焊接的天然金刚石及 CVD 金刚石都具有高效的焊接能力。在大气环境下,液态锡膏中的空气气泡处于大气气压下,当炉腔气压减小时,内外气压差可以让液态锡膏中的气泡体积逐渐增大,并与相邻的气泡合并,最后到达表面排出。随后气压恢复,残留其中的剩余气泡会变小,继续残留在体系中。真空焊接机的特点就是被焊接的零件在真空保护环境下进行焊接,焊件不会被污染或氧化,焊接尺寸可以达到较高精度,特别适合电子、航天、航空零部件的焊接。

高频焊接机内由一整套独特的电子线路,将从电网输入进来的低频交流电(50Hz)转变成高频交流电(一般在 20000Hz 以上)。高频电流加到电感线圈(即感应圈)后,利用电磁感应原理转换成高频磁场,并作用在处于磁场中的金属物体上;利用涡流效应,在金属物体中生成与磁场强度成正比的感生电流,此涡流受集肤效应影响,频率越高,越集中于金属物体的表层。涡流在金属物体内流动时,会借助于内部所固有的电阻值,利用电流热效应原理生成热量。这种热量直接在物体内部生成,所以加热速度快、效率高。可瞬间熔化任何金属物,而且加热速度和温度可控。焊接过程中,设备使用电能,不产生一氧化碳和二氧化碳等有害气体,且无需易燃易爆气体,降低成本,节能环保,安全系数较高;而传统钎焊焊接温度低,高热辐射,焊接成本高昂,存在爆炸的危险。高频焊接机温度可调控,焊接温度可达2000℃以上,稳定性高,是乙炔焊接速度的两倍以上,并可长时间持续焊接,具有效率高、成本低的优势;由于整台主机质量轻,体积小,并且无需气瓶,携带方便,可用于户外或条件恶劣的工作环境,特别适合热处理、淬火、退火、金属透热锻打、挤压成型、钎料焊接等,如齿轮、轴等零件热处理,金刚石工具钎焊(如磨盘、修边轮等),复合锅底钎焊,复合管加热,不锈钢器具退火冲压成型,木工刀具等钎焊,各种金属熔炼，铜管接头钎焊（空调、洁具行业等），不锈钢器皿拉伸、退火等。

5.2 焊接加工设备——高真空焊接机

本章所介绍的第一类焊接机是 ZT-ZKHJ120 型高真空焊接机，如图 5-1 所示。该设备不同于传统的真空加热设备，是采用热辐射方式实现焊接加工的自动化装置，大幅提高了加热效率。设备主要利用小型真空密封方式在真空状态（极限真空度可达 10^{-4}Pa）下，对焊接工件进行加热和冷却，所以焊接后的工件非常坚固，大大提高了焊接质量和稳定性，PLC 控制，可控硅加热，触摸面板参数设定即可全自动完成；焊接工件表面干净美观，无氧化，无需二次清理，环保无污染，焊接强度是普通高频焊接的 2～3 倍，整个过程只需 70～120min，而且单次焊接数量大，可有效降低焊接成本，能够对天然金刚石、人造单晶、CVD、PCD 和 PCBN 等超硬材料工具进行焊接加工，具有操作简单、直观、焊接效率高和焊接强度高等优点，广泛应用于超硬材料工具焊接加工行业。

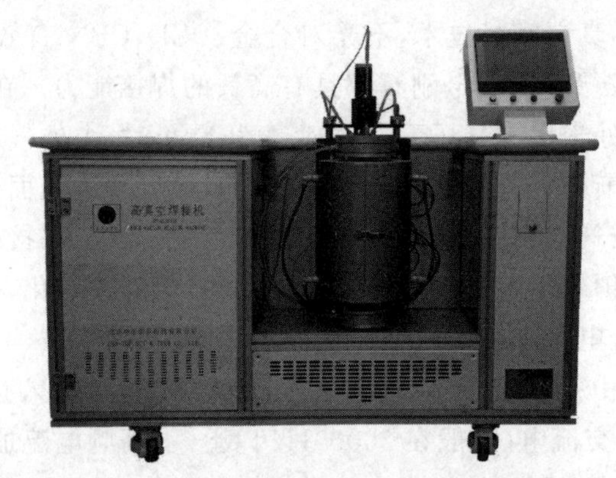

图 5-1 ZT-ZKHJ120 型高真空焊接机

请扫Ⅰ页二维码看彩图

5.2.1 高真空焊接机结构

机床主要由机械泵、分子泵、复合真空计和加热装置等组合而成。

1. 机械泵

机械泵是通过机械的方法，周期性地改变泵内吸气腔的容积，使吸气腔的气压减小，低于炉腔内气压。由于存在气压差，炉腔内的空气不断通过机械泵的进气口涌入吸气腔中，然后通过压缩经排气口将空气排出泵外，如此反复周期性运行，使炉腔内达到一定的真空度。改变泵内吸气腔容积的方式有活塞往复式、定片式和旋片式，分别称为往复式机械泵、定片式机械泵和旋片式机械泵。在实际应用中，旋片式机械泵使用较多。

本章中的高真空焊接机配套的是TRP系列直联高速旋片式真空泵(机械泵),是真空应用领域中最基本的真空获得设备之一,广泛应用于教学、科研、真空应用设备的配套、电子工业及半导体工业的生产线配套、彩色显像管排气生产线、真空冷冻干燥、光电源生产和分析仪器等需要真空环境的作业领域。

该机械泵具有极限真空度高、噪声低、不漏油和不喷油等特点,采用防返油止逆阀系统、压力油循环系统和气镇阀控制等结构,可单独应用于获得低真空环境,也可以作各类分子泵和扩散泵等高真空或超高真空系统的前级泵,与之配套使用。

2. 分子泵

分子泵为利用高速旋转的转子把动量传输给气体分子,使之获得定向速度,从而被压缩并驱向排气口后为前级泵抽走的一种真空泵。分子泵分为涡轮分子泵、牵引分子泵和复合分子泵三种。其中,复合分子泵是涡轮分子泵与牵引分子泵的串联组合,将两种分子泵的优点集于一身,在很宽的压力范围内均具有较大的抽速和较高的压缩比,大大提高了泵的出口压力。

与本章高真空焊接机配套使用的PNFB-600、PNFB-1200和PNFB-1600型复合分子泵,是由涡轮和弧线盘体组合而成的一种机械式真空泵,因此其既有涡轮抽速的特性,还兼备弧线牵引高压缩比的特点。这种特性与特点不仅使泵体在高压下具有很大的抽速,同时对分子量大的气体还具有很高的压缩比,这样泵体运转过程中,在不需要冷阱和油挡板时,高真空区域也不会受到油蒸气的污染。该设备广泛应用于高真空和超高真空条件下作业的各个领域。

3. 复合真空计

ZDF-5227复合真空计是由一路电阻真空计和一路热阴极电离真空计复合而成的。设备具有测量范围宽、响应快、重复性好、测量稳定可靠和抗干扰能力强等优点,特别适合宽量程真空测量。

ZDF-5227复合真空计采用单片机系统来对测量数据进行非线性处理及误差修正,因此具有更高的精准度和重复性,是宽量程真空测量较理想的仪器之一。

4. 加热装置

ZT-ZKHJ120型真空焊接机的炉腔使用的是直径120mm、长500mm、壁厚5mm的高纯石英玻璃管,加热装置为18根卤素灯管,固定在炉腔保温罩内壁,均匀分散排列在石英玻璃管周围。当卤素灯管通电后,会以热辐射的方式对超硬材料工件进行焊接加工,最高焊接温度可达950℃(受石英管材料限制),这类加热装置具有加热速度快、高效、直观等特点。

5.2.2 高真空焊接机原理

ZT-ZKHJ120型真空焊接机是采用热辐射方式实现对超硬材料工件焊接加工的,这种加热方式相比传统真空加热设备,可大幅提高加热效率。真空焊接系统主要是在真空环境下，利用锡膏或焊片在液相线以上帮助空洞排出，从而降低空洞率。同时由于真空系统的存在，可以将空气气氛转化为氮气气氛，减少氧化。在大气环境下，液体状态的锡膏或焊片中的空气气泡和助焊剂形成的气泡也处于大气气压下，当外界变为真空环境(焊接真空度可达 10^{-3} Pa)，两者之间的气压差可以使在液态锡膏或焊片中的气泡体积增大，与相邻的气泡合并，最后到达表面排出。随后气压恢复，残留其中的剩余气泡会变小继续残留在体系中。

5.2.3 复合真空计

本章所使用的是 ZDF-5227 型复合真空计，可对焊接腔体内的真空度进行实时监测，如图 5-2 所示。ZDF-5227 型复合真空计采用数字滤波和光电隔离技术，具有较高的测量精度和抗干扰能力；四组控制信号输出，并有指示灯进行显示；一个独立的控制系统，可以同时测量、控制和显示两路测量信号；采用单片机系统进行非线性补偿和误差修正，并对被测压强进行全程数字显示，自动换挡，具有多种控制功能输出；真空计前面板的“零点”和“满度”电位器可保证设备在低真空段测量的准确度，“查询”可查询控制点信息；特有的电阻规启动电离规的工作方式切换，使 ZDF-5227 型复合真空计在各类真空设备中得到了更好的应用。

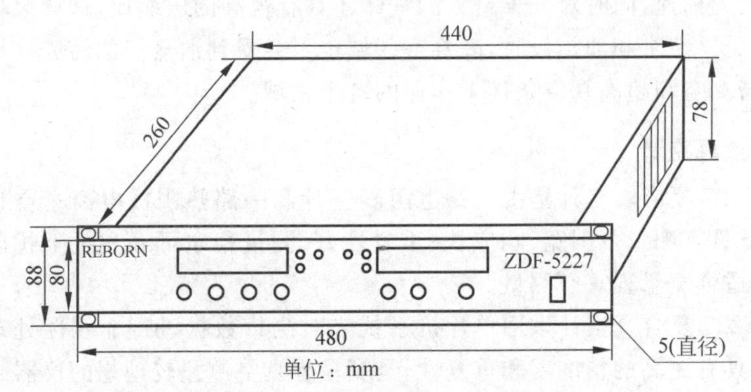

图 5-2 ZDF-5227 型复合真空计

1. 开机启动

手动打开电源按键后，将在真空计面板的右边显示窗口显示“F”3s，表示电阻规启动电离规的工作方式。

在显示“F”3s 内，按动真空计面板右侧显示窗口下的“功能” 键，将出现出厂设置的默认状态，默认状态为“1”。如需更改，可再次按动真空计面板右侧显示窗口下的“功能键”，将显示状态数字，再按动“功能”键，所显示的数字会闪烁，按一下真空计面板右侧显示窗口下的“置数”键，可以改变数字，数字会在 1～4 循环改变，确定所需的状态数字后，再按动“功能”键即可。仪器会自动保存状态，再次开机后将不再需要进行设置。

在显示“F”3s 内没有按键则会自动显示下面的状态。

在显示“F”3s 内按了“功能”键，又不想改变的，可连续按“功能”键后自动显示下面的状态。

“1”表示：当电阻规测量的真空度高于 1×10^{0} Pa 时，自动启动电离规；当电阻规测量的真空度低于 2×10^{0} Pa 时，自动关闭电离规(如镀膜机)。

“2”表示：当电阻规测量的真空度高于 5×10^{-1} Pa 时，自动启动电离规；当电阻规测量的真空度低于 1×10^{0} Pa 时，自动关闭电离规(如烧结炉)。

“3”表示：当电阻规测量的真空度高于 2×10^{0} Pa 时，自动启动电离规；当电阻规测量的真空度低于 4×10^{0} Pa 时，自动关闭电离规(如排气台)。

“4”表示：电离规工作在手动状态，与电阻规的真空度无关(如电离规和电阻规测量点不在同一个真空室的场合)。

在真空计面板的右侧显示窗口(即低真空电阻规系统一侧)显示“F”3s 后，真空计面板的两个显示窗口会同时显示“A”，表示的是两个显示窗口的通讯地址。

在显示“A”3s 内，按动真空计面板显示窗口下的“功能”键，会出现出厂时设置的默认状态。右边低真空显示的默认状态为“01”，左边高真空显示的默认状态为“02”。如需更改，可再按一下相同真空计面板显示窗口下的“功能”键，显示的数字会闪烁，再按一下相同真空计面板显示窗口下的“功能”键，显示的数字会有一个闪烁，按一下相同真空计面板显示窗口下的“置数”键，可以改变数字，数字会在 0～9 循环改变。确定所需的状态数字后，再按一下相同真空计面板显示窗口下的“功能”键到另一个数字会有一个闪烁。再次进行以上操作过程后，按动相同真空计面板显示窗口下的“功能”键即可。仪器会自动保存状态，以后开机后将不需要再进行设置。

在显示“A”3s 内没有按键则会自动显示下面的状态。

在显示“A”3s 内按了“功能”键，又不想改变的，可连续按“功能”键后自动显示下面的状态。

在更改完一个显示窗口后，可以关闭真空计电源后重新开机，用相同的办法设置另一个显示窗口的通讯地址。

在真空计面板的显示窗口显示“A”3s 后(通讯地址设置完成后)，真空计面板的两个显示窗口会同时显示“P”，表示的是真空计的待机状态和控制输出的设定值。

在显示“P”3s 内，按动真空计右侧面板(低真空)显示窗口下的“功能”键，右侧数码管会显示“1”，这时就可以设定第一路控制点的下限值(继电器动作的值)，再按一下“功能”键，数码管会显示如“1.0E-0”(“1.0E-0”为出厂默认值)，并且第一位会闪动，这时按对应的“置数”键，第一位的数值会在 0～9 变动，选择所需设定的值即可。第一位设定好后，再按一下“功能”键，则第二位会闪动，可按照第一位的设定方法设定第二位。第二位设定完后，再按一下“功能”键，则第三、四位会闪动，这时按“置数”键，第三、四位会显示“E”或者“E-”，“E”表示乘10的正次方，“E-”表示乘10的负次方，选择所需设定的值即可。第三、四位设定完后，再按一下“功能”键，第五位便会闪动，设定值为0～9，表示多少次方，选择所需的值。再按一下“功能”键，数码管会显示“1”，这时就可以设定第一路控制点的上限值，可按照下限值的设定方法设定上限值（继电器还原的值）。第二路控制点的设定和第一路一样，在第一路的上限值设定完后，再按动“功能”键，便会开始第二路控制点的设定。两路都设定完后，再按一下“功能”键，仪器自动进入测量状态（继电器动作后，面板上对应的指示灯要亮，继电器不动作时，面板上对应的指示灯不亮）。

真空计左边面板（高真空）的设置方法同上，在更改完右边显示窗口后，可以关闭真空计电源后，重新开机用相同的办法设置。

控制方式分为点控和区域控制两种（在开机显示“P”时进行控制点的设置，正常测量状态时不能进行设置，可重新开机在刚显示“P”时按对应的“功能”键进行设置）。

1_- 和 1^- 两组控制 J1 工作，2_- 和 2^- 两组控制 J2 工作，3_- 和 3^- 两组控制 J3 工作，4_- 和 4^- 两组控制 J4 工作，其中下标表示下限的值，上标表示上限的值。

(1) 点控：功能设置时，将上下限两组控制值设定为相等。当测试真空度高于设定值时，继电器动作，对应的面板上的灯亮；低于设定值时，继电器还原，对应的面板上的灯灭。

(2) 区域控制：功能设置时，将 1_- 和 1^-、2_- 和 2^-、3_- 和 3^-、4_- 和 4^- 分别设置在一个区域段内，使两组值不相等（注：下限的值小于上限的值），当测试真空度高于下限设定值时，继电器动作，对应的面板上的灯亮；当测试真空度低于上限设定值时，继电器还原，对应的面板上的灯灭。

看 1_- 和 1^-、2_- 和 2^-、3_- 和 3^-、4_- 和 4^- 分别出现在哪个显示窗口，出现在哪个窗口，则对应的控制输出由哪个显示窗口的数据控制。如果超过了四组控制，也需看那路控制输出由哪个显示窗口的数据控制，但没有发光指示。

真空计经过3s的延时后，便可进入测量状态，其显示如“1.3E3”Pa等测量值。在电阻规没有自动或手动启动电离规时，右边显示窗口（高真空）显示“P”。不接规管或规管损坏时，真空计对应的窗口显示“P”。

2. 自动启动

根据刚开机显示“F”时所设的状态决定（1、2、3为自动）。

3. 手动启动

当开机显示“F”时所设的状态为“4”，电离规工作在手动状态。另外当真空度高于“5.0E 0”Pa或是接近此真空度时，即在自动状态时电阻规没有自动启动电离规之前，可以按真空计左边面板的“手动/自动”键进入手动状态，同时面板上的手动指示灯亮，然后再按“电离开关”键直接启动电离规工作。如果电离规指示灯灭说明此时的真空度还没有达到电离规所测量的范围(其真空度应高于“1.0E 1”Pa)，此时应排除故障，等待下次测量。在手动状态时，电离规的工作只受“电离开关”的控制，而与电阻规无关。

4. 除气方式

灯丝加热除气(只针对高真空电离规系统)。当真空度高于 102(Pa)时，方可按下“除气”键，当按下“除气”键时，灯丝加热除气，3min 后自动回到测量状态。如果想提前完成除气，可再按下“除气”键，便可回到测量状态。

5. 电阻规校准

当系统在自动换挡时出现不稳定或者在自动转换点来回跳动，此时就应该校准电阻规。校准方法为：将电阻规暴露在大气，调节仪器前面板“满度”电位器，使其刚好显示为“1.0E5”或者“9.9E4”；当高于电阻规的测量范围时，系统显示“1.0E5”。当真空度高于 1.0E-1(Pa)时，调节仪器前面板“零点”电位器，使其刚好显示为“1.0E-1”或者“1.1E-1”；当低于电阻规的测量范围时，系统显示“1.E-1”。再将电阻规暴露在大气，调节仪器前面板“满度”电位器，使其刚好显示为“1.0E5”或者“9.9E 4”。通常情况下仪器在出厂时已经和对应电阻规管调节好，除非更换新的电阻规管或因为电阻规管使用时间较长，工作环境恶劣等原因引起测量误差过大。

6. 查询功能

在真空计正常测量时，按对应显示窗口下的“查询”键，对应窗口会显示要控制的控制输出的数据。建议不要频繁查询，在查询时，将停止真空度的实时测量。

7. 显示说明

数字显示采用的是科学计数法，共五个数码管显示。显示形式如：“1.0E5”表示 1.0×10^{5}(Pa)，“1.0E-1”表示 1.0×10^{-1}(Pa)。

5.2.4 高真空焊接机操作面板

真空焊接机的操作面板如图 5-3 所示，白色按钮为手动/自动切换模式，绿色按钮为运行，红色按钮为停止，如在加工过程中遇突发状况，可按下“急停”按钮停止一切运行中的程序。

操作面板显示屏为触摸屏，主界面如图 5-3 所示，包括设备状态显示区、系统状态显示区、工艺参数显示区以及功能按键区等。可通过单击屏幕虚拟按键进行操作，常用的按键有“参数设定”按键、“加热曲线”按键、“手动操作”按键、“手动”按键、“运行”按键、“停机”按键、“急停”按键、“取料”按键和“加料”按键等。

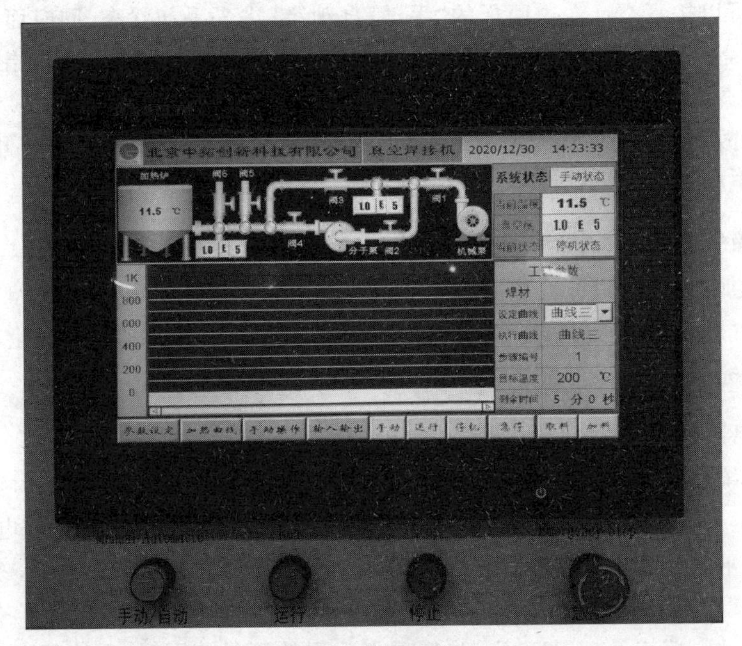

图 5-3 控制面板

请扫 I 页二维码看彩图

1. 设备状态显示区

设备状态显示区可分为两部分：上半部分可直观显示当前加热炉的加热状态、温度、管道的真空度、各阀门、机械泵和分子泵的工作状态；下半部分用来显示实际温度与运行时间的曲线关系，手指轻触该区域可显示所触点位置的温度。

2. 系统状态显示区

系统状态显示区位于主界面的右上位置，主要以文字和数字的形式显示当前炉体温度值、真空度值、自动/手动状态和加工状态。

3. 工艺参数显示区

工艺参数显示区位于主界面的右下位置，主要以文字和数字的形式显示设定曲线、执行曲线、步骤编号、目标温度和剩余时间，其中，运行前要通过下拉菜单选定合适的“设定曲线”。

4. 功能按键区

功能按键区各虚拟按键如图 5-4 所示。

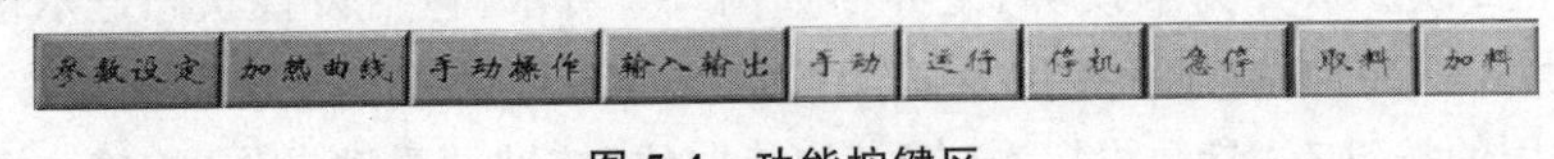

图 5-4 功能按键区

请扫 I 页二维码看彩图

1）参数设定

单击“参数设定”按键，可进入参数设定界面，如图 5-5 所示。通过参数设定界面，可对工艺参数和系统参数进行设定，常用的参数设定主要有启动分子泵真空度、开始加热真空度、加热真空度、排气温度和历史数据采样周期等。参数设置完成后，单击“主界面”按键返回主界面。

北京中拓创新科技有限公司　参数设定　2020/12/31　09:27:34

工艺参数			系统参数	
启机械泵延时	1.0	S	真空计通信地址	1
关机械泵延时	1.0	S	温控器通信地址	3
启分子泵延时	1.0	S	通信波特率	9600
关分子泵延时	2.0	S	数据位	8
启动分子泵真空度	8.00 E 1	Pa	停止位	1
开始加热真空度	8.00 E -2	Pa	奇偶校验	None
加热真空度	8.00 E 0	Pa	通讯格式	RTU
排气温度	200.00	℃	历史数据采样周期	60.0 S

温控器设定　密码设定　其他设置　帮助　主界面

图 5-5　参数设定界面

请扫Ⅰ页二维码看彩图

2）加热曲线

单击“加热曲线”按键，可进入加热曲线设定界面，如图 5-6(a)所示，通过加热曲线设定界面，可对焊接温度和时间进行设定，以时间为横坐标（单位为 min），以温度为纵坐标（单位为℃），轻触屏幕，单击数字框位置，可弹出数值键盘，输入所需温度值或时间值，单击“Enter”键，设定对应温度值和时间值，如图 5-6(b)所示。在“下个曲线编号”通过下拉菜单选定“结束”选项，待设置完毕后，单击“主界面”按键返回主界面。

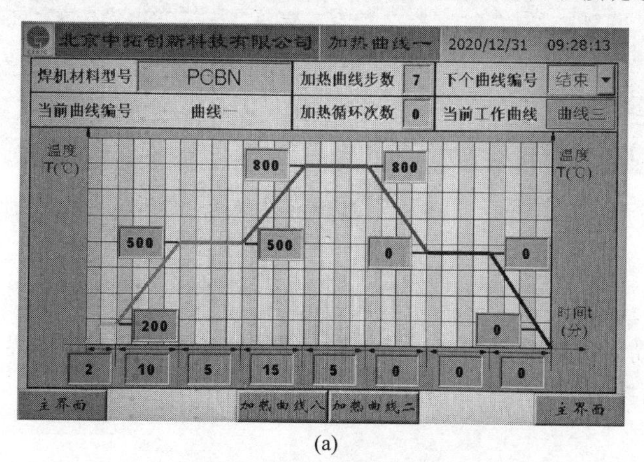

(a)

图 5-6　加热曲线设定界面

请扫Ⅰ页二维码看彩图

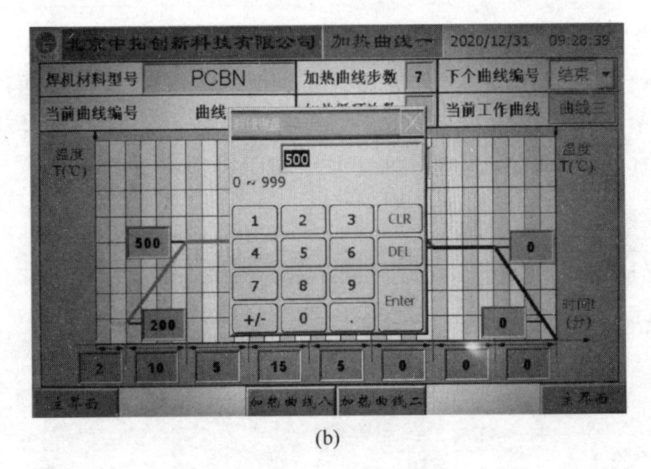

(b)

图 5-6 （续）

3）手动操作

单击“手动操作”按键，可进入手动操作界面，如图 5-7 所示。在该界面内，可根据提示，通过手动方式单击相关按键，控制阀门、气泵、加热、升温、取料和加料等的开关，对工件焊接过程进行操作，同时可直观显示当前加热炉的加热状态、温度、管道的真空度、各阀门、机械泵和分子泵的工作状态。

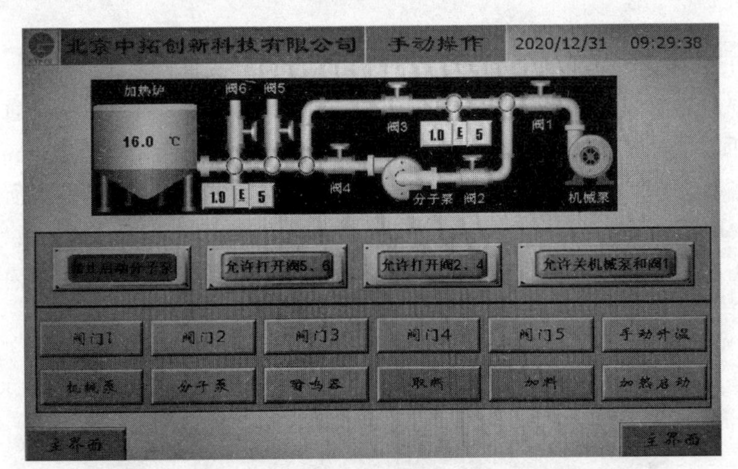

图 5-7 手动操作界面

请扫 I 页二维码看彩图

4）手动

单击“手动”按键，确定当前为手动操作模式，可通过手动操作界面对工件加工过程进行手动控制。

5）运行

显示屏内“运行”按键与控制面板的“运行”按钮功能相同，单击“运行”按键，则设备处于运行状态。

6）停机

显示屏内“停机”按键与控制面板的“停止”按钮功能相同，单击“停机”按键，则设备处于加工停止状态。

7）急停

显示屏内“急停”按键与控制面板的“急停”按钮功能相同，在参数设定失误或出现突发状况后，单击“急停”按键，则可停止一切运行中的程序。按下“急停”按键或按钮后，设备蜂鸣器报警，顺时针转动按钮 90°，按钮弹出即可消除报警。

8）取料

如图 5-8 所示，长按“取料”按键，可控制步进电机转动，带动样品托盘上升，可将预焊接刀具置于样品托盘中。

9）加料

长按“加料”按键，可控制步进电机反向转动，带动样品托盘下降，刀具随样品托盘进入密闭石英炉体中。

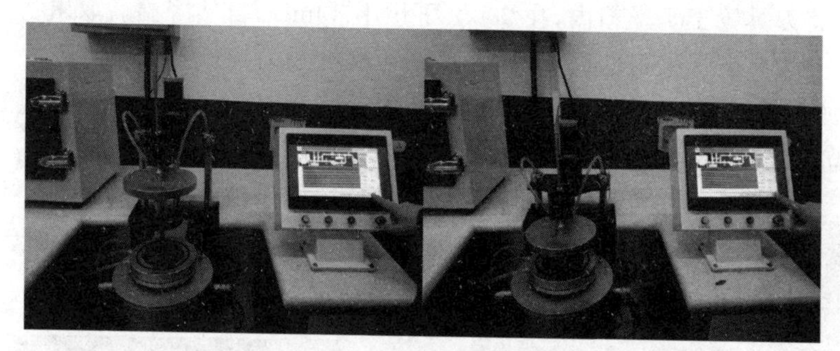

图 5-8　取料和加料过程

请扫Ⅰ页二维码看彩图

5.2.5　机组操作过程

真空焊接机操作简单，操作过程主要包括机组启动前的准备、机组启动过程和机组关机过程。

1. 机组启动前的准备

开启前，检查真空腔室及连接管道是否密闭，并查看电源是否接好，各阀门处于关闭状态，启动循环水机。

2. 机组启动过程

向上扳动设备前面的空气开关，机组各部件通电。机床可分为手动与自动模式，手动状态下，通过操作面板可以直观看到各按键的指示说明，首先打开阀 1、阀 3，启动机械泵，当真空度达到“1.5 E1”时，关闭阀 3，打开阀 2、阀 4，此时分子泵启动按钮会提醒操作者是否启动分子泵。启动分子泵后，当真空度达到“5.0E-2”时，便可实施加热环节。自动状态下，必须先设定好温度曲线和温控时间之后方可按设定程序运行。

3. 机组关机过程

工作结束后，先关闭阀 2、阀 4、分子泵(等待分子泵转速回“0”时)，再关阀 1、阀 3、机械泵。开阀 5 放气，此时可取料。如需停机，关总电源。

通常情况下，切换到自动运行模式操作较为方便，加工前设定参数、温度曲线和温控时间后，按下面板“手动/自动”按钮，切换到自动运行模式，按下“运行”按钮即可。

5.2.6 高真空焊接机焊接过程

(1) 使用超声机，将需要焊接的硬质合金基底和立方氮化硼刀具清洗干净，超声液体可用丙酮或无水乙醇。

(2) 在刀具的焊接面处均匀涂抹焊膏并用镊子压实，如图 5-9 所示，焊膏的用量根据需要而定。

(3) 将刀具置于干燥箱内，在 200℃下烘干 30min，自然降温后取出。

(4) 开启真空焊接机墙壁电源，转动循环水机开关，循环水机运行。

(5) 向上扳动真空焊接机右侧的空气开关，开启设备电源，蜂鸣器报警，顺时针转动操作面板的“急停”按钮，按钮弹出，报警解除。

(6) 开启空气压缩机。待压缩机停止后，长按操作面板显示屏上“取料”按键，样品托盘上升。放置预焊接刀具后，长按“加料”按键，焊接刀具随样品托盘进入密闭炉体中，如图 5-10 所示。

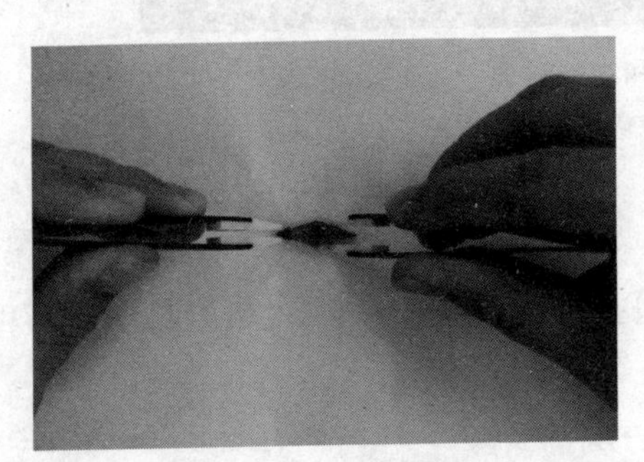

图 5-9 均匀涂抹焊膏

图 5-10 放置焊接刀具

请扫 I 页二维码看彩图

(7) 单击显示屏的“参数设定”按键，进入参数设定界面，根据加工需要对加工参数进行设定后，返回主界面。

(8) 单击显示屏的“加热曲线”按键，进入加热曲线设定界面，根据加工需要编辑程序曲线后，返回主界面。

(9) 依次按下操作面板的“手动/自动”按钮和“运行”按钮，两按钮的指示灯亮，真空焊接机在自动方式下依照设定工艺运行。在达到预定温度后，分别经过加热焊接阶段、加热完成阶段、排气阶段，直至完成焊接。

（10）焊接停止后，系统状态中显示"重新加料"，长按显示屏"取料"按键，样品托盘上升，取出工件；长按"加料"按键，将样品托盘送回炉体内。

（11）振动真空焊接机右侧的空气开关，关闭设备电源后，依次关闭循环水机开关和墙壁电源，即完成焊接工作。

5.3 焊接加工设备——高频焊接机

本章主要利用DD-25JQ(加强型)高频焊接机(图5-11)进行硬质合金刀具的焊接加工，主机尺寸为600mm×250mm×500mm，分机尺寸为470mm×270mm×400mm，设备结构采用第二代逆变控制技术，设备可靠性高、维修率低，是目前普及性最好的设备之一，最大输出功率可达25kW，输出振荡频率范围在30～80kHz，主要具有以下优点：

（1）加热功率、加热时间、保温功率、保温时间和冷却时间分别独立可调，可在一定程度上有效控制加热曲线和加热温度；

（2）应用于重复性高的工件加热和快速加热；

（3）应用于钎焊中时，采用快速加热和保温功能相结合，既实现快速加热，同时又可在钎料熔化时进行保温，使焊料充分铺展。

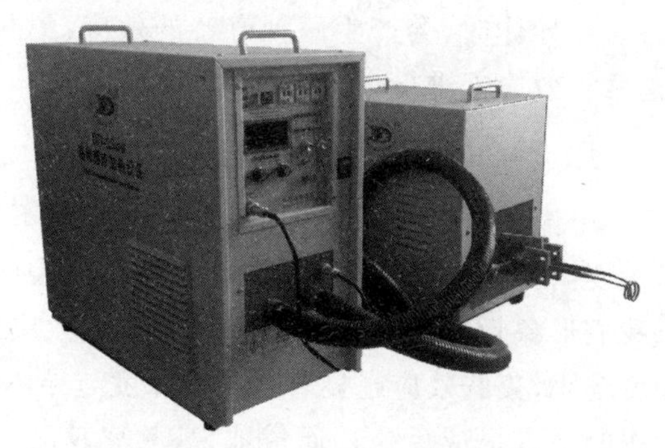

图5-11 DD-25JQ(加强型)高频焊接机

请扫Ⅰ页二维码看彩图

5.3.1 高频焊接机结构

DD-25JQ(加强型)采用串联谐振电路，谐振后通过高频变压器输出低电压、大电流的高频电源。

此设备采用IGBT功率器件和第二代变流控制技术——双调控变流控制技术，在这种技术中，功率和变频独立调控，采用IGBT开关器件和非晶态电感构成高频斩波电路调节功率，并采用IGBT串联谐振及频率自动跟踪技术获得精确的软开关控制逆变过程，使设备在大功率下的工作可靠性大大提高，使得设备在大功率领域得到了发展,100%设备暂载率得以实现。相比第一代单调控控制技术,第二代技术更适合在大功率设备中使用,以获得高的设备可靠性。

由于采用了先进的控制技术,设备工作频率范围更宽,体积更小,所有设备采用水冷,不采用油冷变压器,可靠性更高,维修率和维修成本低,是目前应用最为广泛的设备之一。

分体式结构具有如下特点:

(1) 在分体式设备中,高频电源(主机)与高频变压器(分机)分离,主分机间连线 2m 长,最长可达 6m;

(2) 应用于环境很差的工作场所,可以将主机封闭在干净的空间,大大减少主机的维修率,增加设备的可靠性;

(3) 应用于流水线作业或成套设备中,小分机占用较小的台面空间,容易移动。

5.3.2 高频焊接机原理

高频焊接机与其他焊机不同,功能和用途并不只是单一焊接。高频焊接机不但可以用于各种金属材料的焊接,还可以用于透热、熔炼、热处理等工艺。焊接只是它的众多用途之一。

所谓高频,是相对于 50Hz 的交流电流频率而言的,一般是指 50～400kHz 的电流。高频电流通过金属导体时,会产生两种奇特的效应:集肤效应和邻近效应,高频焊接就是利用这两种效应来进行金属焊接的。

1. 集肤效应

以一定频率的交流电流通过同一个导体时,电流的密度不是均匀地分布于导体的所有截面,而是主要向导体的表面集中,即电流在导体表面的密度大,在导体内部的密度小,所以我们形象地称之为"集肤效应"。集肤效应通常用电流的穿透深度来度量,穿透深度越小,集肤效应越显著。穿透深度与导体电阻率的平方根成正比,与频率和磁导率的平方根成反比。通俗地说,频率越高,电流就越集中在钢板的表面;频率越低,表面电流就越分散。必须注意:钢铁虽然是导体,但它的磁导率会随着温度升高而下降,就是说,当钢板温度升高时,磁导率会下降,集肤效应会减小。

2. 邻近效应

高频电流在两个相邻的导体中反向流动时,电流会向两个导体相近的边缘集中流动,即使两个导体另外有一条较短的边,电流也并不沿着较短的路线流动,我们把这种效应称为"邻近效应"。

邻近效应本质上是由于感抗的作用,感抗在高频电流中起主导作用。邻近效应随着频率增高和相邻导体的间距变近而增高,如果在邻近导体周围再加上一个磁芯，那么高频电流将更集中于工件的表层。

这两种效应是实现金属高频焊接的基础。高频焊接就是利用集肤效应使高频电流的能量集中在工件的表面，利用邻近效应来控制高频电流流动路线的位置和范围。电流的速度是很快的，可以在很短的时间内将相邻的钢板边部加热、熔融，并通过挤压实现对接。

5.3.3　高频焊接机自控面板

高频焊接机自控面板(图 5-12)由各类功能按钮、旋钮、开关、指示灯和显示屏等组成，主要用来调节焊接参数、指示功能和显示各参数值。

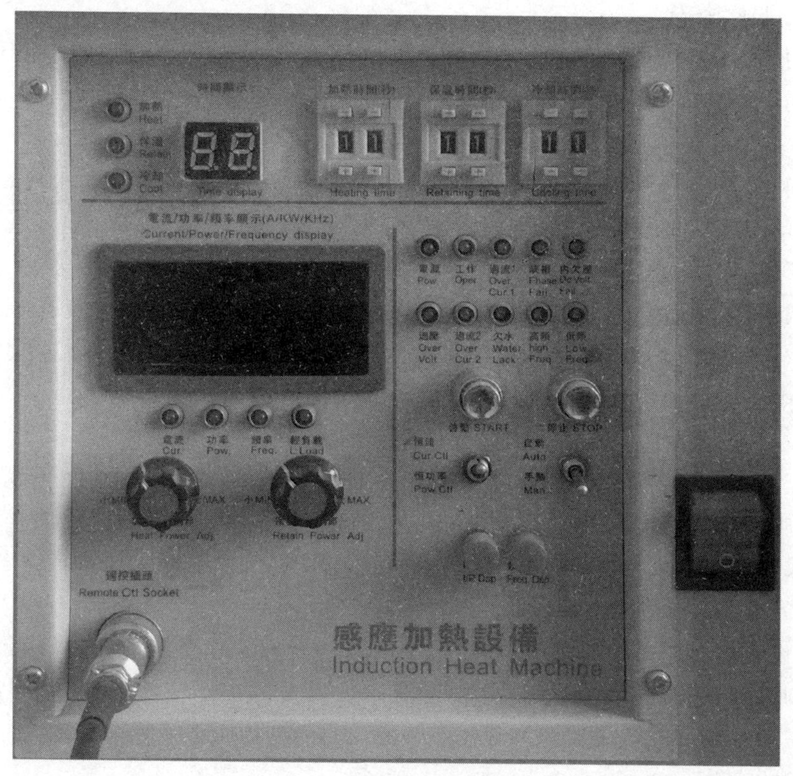

图 5-12　高频焊接机自控面板

请扫Ⅰ页二维码看彩图

1. 指示灯

1）电源指示灯

合上控制电源开关，此灯亮表示设备已通电。

2）工作指示灯

正常焊接加热时，此灯闪烁，同时蜂鸣器响。当设备出现故障，工作指示灯和蜂鸣器均显示异常。

3）过流 1 指示灯

该指示灯亮时，表示设备输入出现过电流，设备将自动停止加热，并且蜂鸣器鸣响报警。再开机后可消除报警。

4）缺相指示灯

当输入的三相电缺相时，该指示灯亮，设备自动停止工作，并且蜂鸣器鸣响报警。当三相电恢复正常后，报警解除。

5）内欠压指示灯

该指示灯亮时，设备自动停止加热，并且蜂鸣器鸣响报警，表示此时输入交流变直流的直流电压无法建立，设备出现故障。

6）过压指示灯

该指示灯亮时，表示此时输入电压过高，设备将自动停止工作，并且蜂鸣器鸣响报警。当输入电压恢复正常范围后，报警自动解除，该指示灯熄灭。

7）过流 2 指示灯

该指示灯亮时，表示设备高频变流部分出现过流，设备自动停止工作，并且蜂鸣器鸣响报警。再开机后可消除报警。

8）欠水指示灯

焊接机的主机和分机内各装有一个水压开关，主机的散热器上装有两个温度开关。当冷却水压力过低或水温过高时，设备将自动停止工作，指示灯亮，并且蜂鸣器鸣响报警。加大水压或设备冷却后可解除报警，指示灯熄灭。

9）高频指示灯

当设备输出振荡频率过高，加热功率会自动衰减来保护变流器件，指示灯亮，并且蜂鸣器鸣响报警，表示感应圈不适合。可通过增大感应圈的电感量（增加匝数）或采用特制高频变压器增加分体高频变压器的初级匝数消除报警。

10）低频指示灯

当设备输出振荡频率过低，加热功率会自动衰减来保护变流器件，指示灯亮，并且蜂鸣器鸣响报警，表示感应圈不适合。可通过减小感应圈的电感量（减少匝数）或采用特制高频变压器增加分体高频变压器的副边匝数消除报警。

11）电流灯

当显示当前输出电流值时，指示灯亮。

12）频率灯

当显示当前输出振荡频率时，指示灯亮。

13）轻负载灯

当感应圈没有放入工件处于空载状态或感应圈与工件耦合太松处于轻负载状态时，设备会自动减小功率输出以减少空损耗，此时轻负载指示灯亮。当重新放入工件或者减小感应圈尺寸以减小工件与感应圈间隙时，设备会自动恢复原来的加热功率；当工件从感应圈取出时，设备又会自动进入轻负载保护状态。

14）加热灯

在“手动”或“自动”状态下，指示灯亮表示加热过程正在进行。

15）功率灯

当显示当前输出的有效功率值时，指示灯亮。

16）保温灯

在“自动”状态下，指示灯亮表示保温过程正在进行。

17）冷却灯

在“自动”状态下，指示灯亮表示冷却过程正在进行。

2. 按钮

1）启动按钮

按动按钮，设备开始加热。当使用脚踏开关进行操作时，按钮不起作用。

2）停止按钮

按动按钮，设备停止加热。

3）频率显示按钮

按动按钮，频率指示灯亮，显示设备当前的振荡频率。

4）I/P 显示按钮

此按钮为显示选择按钮，按动按钮，电流指示灯或功率指示灯亮，数显表显示当前振荡电流或输出功率。与“恒流/恒功率”选择开关相配合进行操作，显示电流值或功率值。

3. 选择开关

1）“恒流/恒功率”选择开关

(1) 开关至“恒流”位置。

当开关至“恒流”位置时，设备工作在恒定输出电流控制状态，加热速度与加热功率会随着网压波动和工作温度等改变而变化。通常，在冷态下加热速度较快，热态下加热速度相对较慢。当负载较重时，电流会自动下降，以此避免设备停机。在“恒流”位置时，数显表将自动显示输出的电流值，按住“I/P 显示按钮”，数显表将显示输出的功率值。

(2) 开关至“恒功率”位置。

当开关至“恒功率”位置时，设备工作在恒定输出功率控制状态，无论工作冷态或热态、磁性或非磁性等条件如何改变，设备均保持输出功率恒定不变。在“恒功率”位置时，数显表自动显示输出的功率值，按住“I/P 显示按钮”，数显表将显示输出的电流值。

2）“手动/自动”选择开关

(1) 开关至“手动”位置。

当开关至“手动”位置时，时间设定和保温功率调节旋钮将处于无效状态，通过加热功率调节旋钮控制加热的速度。踩下脚踏开关,设备开始加热;松开脚踏开关,设备停止加热,时间显示数字表则显示加热时间。

(2) 开关至“自动”位置。

当开关至“自动”位置时,踩下脚踏开关,设备将按照既定的功率和时间自动依次进行加热过程、保温过程、冷却过程,完成各过程后自动停机。时间显示数字表依次显示加热时间、保温时间和冷却时间。

4. 旋钮

1) 加热功率调节旋钮

调节加热时输出电流的大小,从而调节加热速度。

2) 保温功率调节旋钮

此旋钮用来调节保温时输出振荡电流的大小,从而调节保温时的加热速度。

3) 数字显示表

用来显示输出振荡电流、输出功率和振荡频率的数值,当“电流”指示灯亮时,显示的是振荡电流,以此类推。

4) 时间显示

在“手动”状态下,显示加热时间;在“自动”状态下,依次显示加热、保温和冷却时间。

5) 时间设定拨码盘

可分别设定加热时间、保温时间和冷却时间,其设定范围为1～99s。

6) 控制电源开关

设备控制回路电源开关。

7) 遥控插座

按脚踏开关、遥控开关或其他位动开关,代替设备面板上的启动和停止按钮对设备进行操作,当所连接的遥控开关是“NO”和“OFF”两个非自锁按钮开关,使用两个独立的常开触点控制时,遥控开关和面板“启动”“停止”按钮都有效,两者都可以用来控制设备工作和停止。当所连接的是脚踏开关或其他非自锁开关,使用一对“常开”“常闭”触点控制时,接上遥控插头,设备面板上的“启动”按钮即失效,轻踩脚踏开关设备工作,松开脚踏开关设备即停止工作。

5.3.4 面板“手动”和“自动”工作状态选择

1. “手动”状态

(1) 将“手动/自动”选择开关置于“手动”位置。

(2) 调节加热功率旋钮至合适位置。

(3) 按下操作面板上的启动按钮,或轻踩脚踏开关,即可对工件进行加热。此时“工作”指示灯闪烁,设备蜂鸣器发出“嘀—嘀—嘀”声响;“数显表”显示当前输出的加热电流值，电流越大，加热越快；“时间显示”则显示加热时间。

(4) 按下操作面板的停止按钮或松开脚踏开关，即可停止加热。

应注意的是，如果使用脚踏开关控制设备加热，面板上的启动按钮则不起作用，必须拔掉遥控插头上的脚踏开关连线，才能使用启动按钮对设备进行加热控制。

2. “自动”状态

(1) 将“手动/自动”选择开关置于“自动”位置。

(2) 调节加热功率旋钮和保温功率旋钮至合适位置。

(3) 对加热、保温和冷却时间进行设置。

(4) 按下操作面板上的启动按钮，或轻踩脚踏开关，即可对工件进行加热。此时“工作”指示灯闪烁，“加热”灯亮，设备蜂鸣器发出“嘀—嘀—嘀”声响；“数显表”显示当前输出的加热电流值，电流越大，加热越快；“时间显示”则显示加热时间。

(5) 加热时间结束时，即开始保温过程。此时“工作”指示灯继续闪烁，“保温”灯亮，设备蜂鸣器发出“嘀—嘀—嘀”声响；“数显表”显示当前输出的保温电流值，电流越大，加热越快；“时间显示”则显示保温时间。

(6) 保温时间结束时，即开始冷却过程。此时设备停止工作，“工作”指示灯继续闪烁，“冷却”灯亮，设备蜂鸣器发出“嘀—嘀—嘀”声响；“数显表”显示“000”；“时间显示”则显示冷却时间。

(7) 冷却时间结束时，“冷却”灯灭，此时即完成一个加热过程。

(8) 在“自动”过程进行时，按下停止按钮，即可随时中断自动过程的进行。

应注意的是，自动过程进行中，如再次按启动按钮或踩下脚踏开关，则可能造成自动计时混乱；时间设定拨码盘不可设定为“00”，最少设为“01”。

5.3.5　高频焊接机焊接过程

本章以立方氮化硼复合片车刀焊接加工为例。

(1) 将助焊剂粉和水按照一定比例倒入烧杯中，进行充分混合，利用酒精灯加热至沸腾，助焊剂粉完全溶解在水中，冷却直至溶液成轻度黏稠的糊状膏体。

(2) 准备好焊接材料(焊料、助焊剂、毛刷、立方氮化硼复合片毛坯块(梯形)和硬质合金基底等)，利用电火花线切割机切割梯形立方氮化硼复合片毛坯块，并使用电火花线切割机或磨床对硬质合金基底进行开槽，如图 5-13 所示，并对材料进行超声清洗。

(3) 开启循环水机，观察出水管水量；开启外部电源开关，向上扳动设备后面板上的空气开关，合上设备前面板上的电源控制开关，开启高频焊接机；并通过自控面板调节焊接条件，如图 5-14 所示。

(4) 使用毛刷将助焊剂膏体均匀涂抹在硬质合金基底上(图 5-15)，可有效防止硬质合金高温氧化。

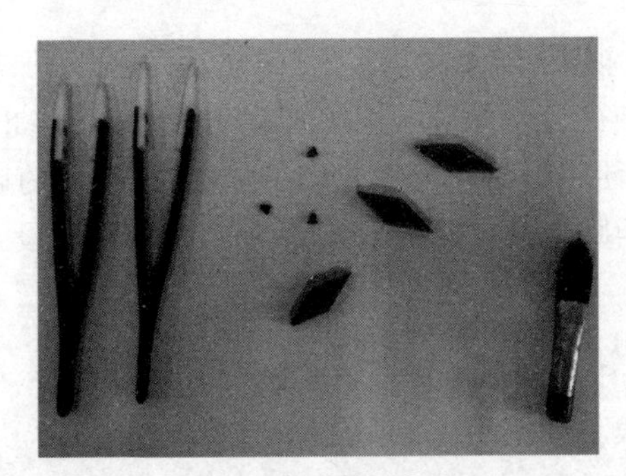

图 5-13　焊接材料

图 5-14　自控面板调节焊接条件

请扫Ⅰ页二维码看彩图

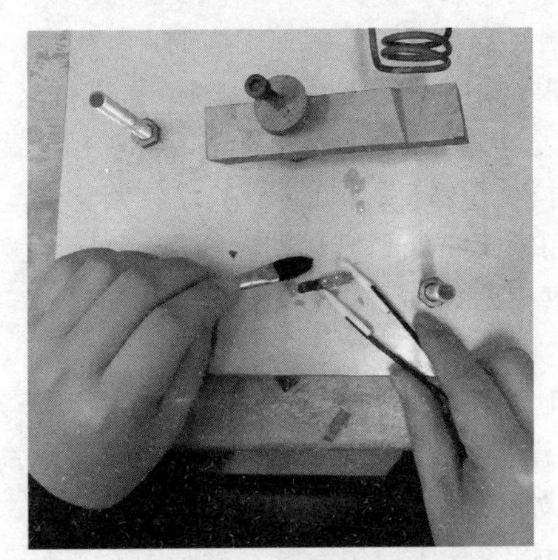

图 5-15　均匀涂抹助焊剂

请扫Ⅰ页二维码看彩图

(5) 将硬质合金基底置于焊接台架上(图 5-16),并置于设备线圈中适当位置,将适量焊料和立方氮化硼复合片毛坯依次放入硬质合金基底焊接槽内适当位置,使用陶瓷镊子,一手固定硬质合金基底,一手固定焊接槽内的立方氮化硼复合片,使二者固定无相对移动。

(6) 轻踩脚踏开关,按预设焊接条件开启高频,开始对工件进行加热焊接。工件加热部位呈亮红色(图 5-17),设备蜂鸣器发出"嘀—嘀—嘀"声响。

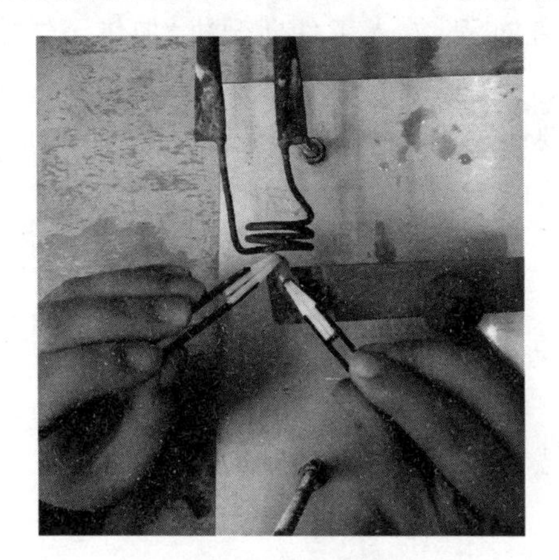

图 5-16 固定焊接刀具

请扫Ⅰ页二维码看彩图

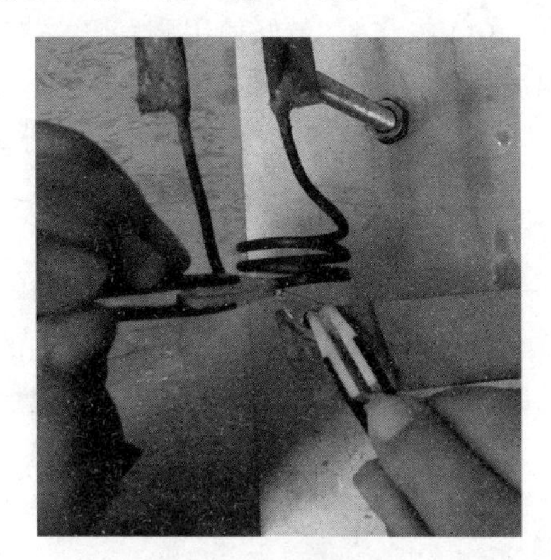

图 5-17 焊接刀具

请扫Ⅰ页二维码看彩图

(7) 焊接结束后,将硬质合金基底置于焊接台上,使其自然冷却至室温。关机时,先关掉前面板上的电源开关,然后关闭循环水机,最后关闭外部总电源开关(通常空气开关无需关闭)。

5.4 注意事项

5.4.1 高真空焊接机

(1) 开机前,必须先开启循环水机,循环水机温度为 23~27℃;

(2) 取料前,必须开启空气压缩机,否则气动装置将失效;

(3) 焊接加工前,可使用鼓风干燥箱在一定温度范围内将焊膏烘干;

(4) 焊膏烘干后,要自然冷却至室温(干燥箱箱门关闭)方能取出工件材料,防止"急冷"造成聚晶层脱落;

(5) 初次焊接加工时,尽量使用"自动"方式操作设备,以免操作不当造成加工失败;

(6) 仪器控制面板的按键都是轻触键和触屏键,操作时请勿施力过大;

(7) 焊接加工过程中,如无特殊情况,禁止进行任何操作。

5.4.2 高频焊接机

(1) 使用高频焊接机对工件进行焊接前,要确保各安装工作已经完成。

(2) 焊接前要详细了解自控面板上各操作器件的功能和作用。

(3) 操作时,要尽量避免“空载”,即感应圈中不放置任何工件,而设备处在工作状态,空载时设备损耗较大,长期空载下运行易引发设备故障。

(4) 操作时,最好使用脚踏开关控制作业过程,放入工件即开机,加热至焊接温度后停机,拿开工件,完成焊接。

(5) 确保洁净水冷却,冷却进水水温不要超过45℃,否则易造成设备损坏。

5.5 思考题

(1) 高真空焊接机与高频焊接机的工作原理分别是什么?

(2) 简述高真空焊接机自动焊接加工流程。

(3) 高频焊接机产生高温的原理是什么?

第6章

刀具的圆弧加工

6.1 概述

磨削加工是使用最早且应用较为广泛的切削加工方法之一,是一种比较精密的金属加工方式,加工余量少、精度高。磨削用于加工各种工件的内外圆柱面、圆锥面及平面、斜面、垂直面,以及螺纹、齿轮和花键等特殊、复杂的成形表面。由于砂轮磨粒的硬度很高,磨具又具有自锐性,磨削可以用于加工各种金属材料和非金属材料,包括未淬硬钢、铸铁、淬硬钢、高强度合金钢、硬质合金、有色金属、玻璃、陶瓷和大理石等。

磨削加工是零件精加工的主要方法之一。磨削时可采用砂轮、油石、磨头、砂带等作为磨具,而最常用的磨具是用磨料和黏结剂做成的砂轮(详细内容见第3章)。磨削的加工范围很广,不仅可以对内外圆柱面、内外圆锥面和平面进行磨削加工,还可以对齿轮、螺纹、曲轴和花键轴等特殊的成形表面进行磨削加工。

从本质上来说,磨削加工是一种切削加工,但又不同于车削、铣削、刨削等加工方法,有以下工艺特点。

(1) 磨削属多刃、微刃切削。

砂轮上的每一粒磨粒相当于一个切削刃,而且切削刃的形状及分布处于随机状态,每个磨粒的切削角度、切削条件和锋利程度均不相同。不同的磨粒对工件表面分别起着切削、摩擦和抛光的作用。

(2) 加工精度高。

磨削属于微刃切削,切削厚度极薄,每个磨粒切下的切屑体积很小,切削厚度一般只有 0.01～1μm,可获得很高的加工精度和极低的表面粗糙度。

(3) 磨削速度高。

普通砂轮磨削的线速度很高,可达 30～45m/s,目前的高速磨削砂轮线速度已达 50～250m/s,故磨削区温度很高,可达 1000～1500℃,可以造成工件表面烧伤、退火、裂纹,因此磨削时必须使用冷却液。磨削中每个磨粒的切削过程历时很短,只有万分之一秒左右。

(4) 加工范围广。

磨削加工应用范围广，是零件精加工的主要方法之一，主要适用于精度和表面质量要求较高工件的加工，磨粒硬度很高，因此磨削不但可以加工碳钢、铸铁等常用金属材料，还能加工一般刀具难以加工的高硬度材料，如淬火钢、硬质合金等。但磨削不太适宜加工硬度低而塑性大的金属材料，即通常所说的黏性大的材料。

(5) 切削深度小。

磨削切削深度小，在一次行程中所能切除的金属层很薄，一般磨削加工的金属切除率低，生产效率较低，而高速磨削和强力磨削则可提高金属的切除率。

磨削加工是机械制造中重要的加工工艺，已广泛用于各种表面的精密加工。许多精密铸件、精密锻件和重要配合面也要经过磨削才能达到精度要求。因此，磨削在机械制造业中的应用日益广泛。

焊接加工后的刀具，需要通过后续的磨削加工去除表面多余的毛坯料，并按照生产需求设计加工成特定的规格。圆弧加工是超硬材料刀具常见的加工方式，本章所介绍的设备就是刀具圆弧加工中常用的专用工具磨床。由于超硬材料具有很高的强度和耐磨性，通常磨床会配备碗状金刚石砂轮对刀具圆弧进行刃磨。

6.2 圆弧加工设备——专用工具磨床

本章所介绍的是 ZT-120 型专用工具磨床，如图 6-1 所示。该磨床主要用于磨削人造金刚石、立方氮化硼及硬质材料等多类刀具及工件。此机床可实现恒压磨削，磨削压力在 0～450N 范围内可调，能够满足高精度、高光洁度刀具的刃磨。专用工具磨床配置了刀具半径在线检测测量装置，放大倍数在 8～45 倍无极可调，可刃磨出高精度半径为 0.05～70mm 的刀尖圆弧或圆弧刀。

图 6-1 ZT-120 型专用工具磨床

请扫Ⅰ页二维码看彩图

6.2.1　专用工具磨床结构

专用工具磨床主要由主机、润滑系统、冷却系统、CCD测量系统和光栅系统等组成。

1. 主机

主机是磨床的核心部分，除机床磨头电机，还包括主轴上下移动手轮、主轴倾斜角手轮、磨头定位手轮、磨头左右摇摆距离手轮、旋转工作台、工作台进给手轮、压力调节钮和旋转工作台固定装置(脚踏式刹车开关)等。

1）机床磨头电机

专用工具磨床的磨头电机可以正反双向工作和0～4200转无极调速，功率约为2.2kW，可直接通过按动操作面板相应按钮实现电机反向运转。

2）主轴上下移动手轮

根据磨削加工需要，转动手轮，可以实现主轴在148mm范围内的上下移动。

3）主轴倾斜角手轮

根据磨削加工需要，转动手轮，可以调节主轴在－11°～25°范围内的倾斜角度。

4）磨头定位手轮

根据磨削加工需要，转动手轮，可以调节主轴在水平方向350mm内的加工位置。

5）磨头左右摇摆距离手轮

根据磨削加工需要，转动手轮，可以调节主轴在水平方向0～40mm内的摆动幅度。

6）旋转工作台

旋转工作台是由固定于转轴上的相互垂直的两组丝杠组成的，如图6-2所示，夹具安置在一组丝杠平台上，主要用于装夹磨削工件，两个手轮分别控制两组丝杠，可实现工件水平位置的调整和以转轴为轴心270°旋转。当转动到适合加工的位置，可调节限位对工作台旋转位置范围进行限定。

图6-2　旋转工作台

请扫Ⅰ页二维码看彩图

7）工作台进给手轮

当工作台在气缸的推动下以“快速进刀”方式到达砂轮附近合适位置后，需要转动进给手轮对工件位置进行微调，直至工件磨削面到达砂轮加工位置，在磨削加工过程中，通过转动进给手轮使工件作微小的进给运动达到精细加工。

8）压力调节钮

启动系统是通过空气压缩机作为气源的，通过压力调节钮调节驱动气源压力来调整机床工作压力。

9）旋转工作台固定装置（脚踏式刹车开关）

脚踏式刹车开关主要用于固定工作台旋转位置，踩下脚踏开关，电磁刹车离合器得电抱紧，工作台将处于固定状态。工作完毕后，再次踩下脚踏开关，电磁离合器失电松开，磨削加工进入下一个工作循环。

2. 润滑系统

润滑系统分为手动润滑和自动润滑两部分。专用工具磨床床体上配有油枪，手动润滑指手动油枪注油润滑，如旋转工作台丝杠和 X、Y、Z 轴滑板多为手动注油润滑。自动润滑则是利用型号为 TM630 的自动间歇润滑泵为机床的十字工作台滑板、摆幅滑板和摆幅连杆等十个润滑点进行自动注油润滑。

3. 冷却系统

专用工具磨床冷却系统主要由冷却泵、水箱和管路组成，具有冷却、清洗、过滤和沉淀等作用。冷却时水流大小可通过阀门进行调节。冷却水是具有水溶性和防锈效果的切削液，浓度太低容易使机床部件生锈，浓度太高则不利于切削加工，因而在使用设备前，操作者要对冷却液进行合理配比混合。

4. CCD 测量系统

CCD 测量系统主要由 12V DC 电源、监视器、CCD 摄像头、变焦物镜、精密分划板、场镜、定焦物镜等组成，通过夹持架和机床三维移动架进行连接。CCD 测量系统放大倍数为 8～45 倍，显示器采用大视角液晶监视器，实现了工件磨削加工在线观察和检测。

5. 光栅系统

光栅系统主要用于机床等设备行程和角度的精密测量，测量数据在数显表荧光屏显示。专用工具磨床的数显表用来显示机床的两个参数，荧光屏上行显示砂轮的进刀量，下行显示工件旋转的角度，面板右侧的按键可对数显表参数等进行设置。

6.2.2 专用工具磨床原理

本专用工具磨床是利用碗状金刚石砂轮的高速回转运动和待加工硬质刀片随旋转工作台的旋转运动的合运动对工件进行磨削加工的。

磨削加工的实质是工件被磨削的金属表层在无数磨粒的瞬间挤压、刻画、切削、摩擦、抛光作用下进行的。磨削瞬间起切削作用的磨粒的磨削过程可分为四个阶段：第一阶段，砂轮表面的磨粒与工件材料接触的弹性变形阶段；第二阶段，磨粒继续切入工件，工件进入塑性变形阶段；第三阶段，材料的晶粒发生滑移，使塑性变形不断增大，当磨削力达到工件材料的强度极限时，被磨削层的材料产生挤裂阶段；最后阶段是被切离。

磨削过程表现为力和热的作用。磨削热是在磨削过程中，由于被磨削材料层的变形、分离及砂轮与被加工材料间的摩擦而产生的热。磨削热较大，热量传入砂轮、磨屑、工件或被切削液带走。然而，砂轮是不良导体，几乎 80%的热量传入工件和磨屑，并使磨屑燃烧。磨削区域的高温会引起工件的热变形，从而影响加工精度，严重的会使工件表面灼伤，出现裂纹等弊病。因此，磨削时应特别注意对工件的冷却和减小磨削热，以减小工件的热变形，防止工件表面产生灼伤和裂纹。

6.2.3 专用工具磨床操作面板

专用工具磨床的操作面板如图 6-3 所示，接通电源后，电源指示灯亮，便可以对机床进行操作。应注意的是，在机床运转之前，应将“砂轮调速”“ 摆动频率”“摆动幅度”旋钮归零。为方便磨削刀具，满足加工需求，通过“砂轮正转”和“砂轮反转”按钮可选择砂轮主轴正转或反转。主轴运转后，用“砂轮调速”旋钮对其进行调速，转速数值将在荧光屏上显示，直至达到加工所要求的砂轮转速即可。

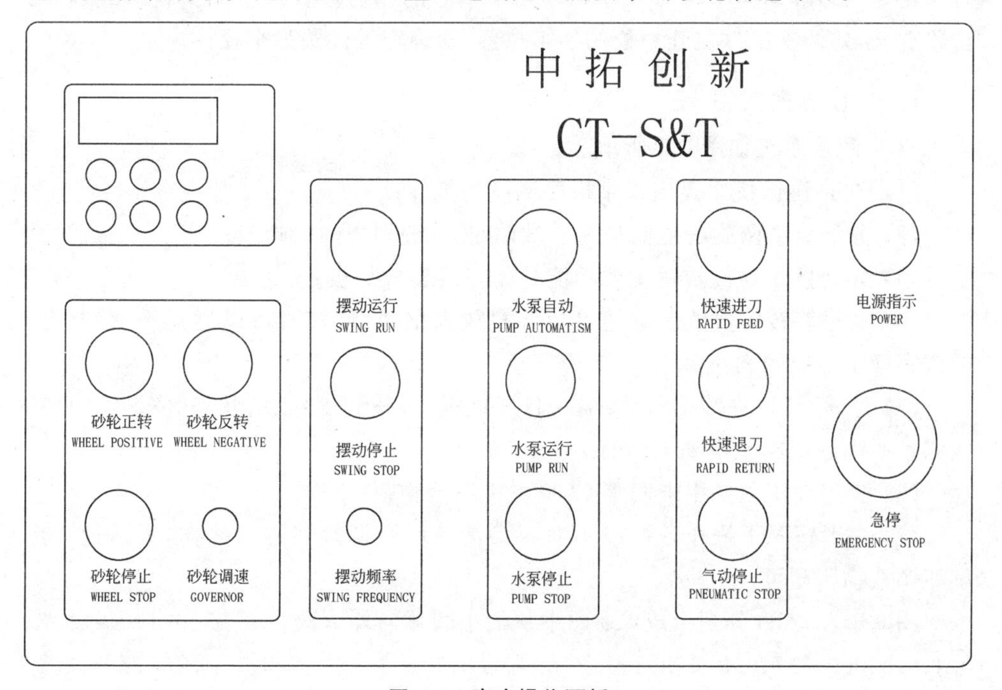

图 6-3 磨床操作面板

机床摆动运行可根据工件的加工位置进行确定，先转动“调整磨头定位手轮”将磨头砂轮左移或右移至所需位置，确定摆动中心（该系统有记忆功能，停机后再启动，摆动中心不变），再按“摆动运行”按钮，即可使砂轮主轴在水平方向作往返运动。通过转动“摆动频率”旋钮，调节至所需摆动频率（摆动速度）即可。机床主轴运转或静止的状态下均可对砂轮的摆动频率和摆动幅度进行调整操作。按动“摆动停止”按钮，主轴即停止往复运动。

按动“水泵运行”按钮，水泵会自动给磨头供水。按动“水泵停止”，水泵则会停止供水。

按动“快速进刀”按钮，气缸推动工作台快速进给，当完成一次磨削加工后，按“快速退刀”按钮，气缸快速拉回工作台，返回初始位置；按动“启动停止”按钮，工作台将停止在任意位置。

当加工结束后，按下面板最右侧“急停”按钮，结束整个磨削加工过程。

磨削加工时，操作者要根据不同的需要来调整各种手轮，配合操作面板各个按键功能，实现刀具的磨削精加工。磨床运转时，磨削刀具是相对磨头往复摆动加工的。

6.2.4 专用工具磨床对刀

对刀过程是专用工具磨床磨削加工的关键，主要是利用 CCD 测量系统、工作台手轮和三维移动架手轮对工件和分划板中心的相对位置进行调整，使二者轴心位置重合，并调整工件在分划板的加工位置，即确定工件圆弧半径。

1. CCD 测量系统

CCD 测量系统如图 6-4 所示。

(1) CCD 摄像机主要用来拍摄要测量的工件；

(2) 分划板微调旋钮主要是为了微调 CCD 分划板的清晰度；

(3) 分划板 360°旋转钮主要功能是 360°旋转分划板；

(4) 通过旋转倍数放大旋钮可以调整放大倍数，旋转时可以通过手感和上边的数字确定倍数的大小；

(5) 通常 CCD 在线测量系统在出厂时已经调整到 1∶1 的状态，安装 CCD 在线测量系统后把旋钮调到 4 倍时为 1∶1 的状态；

(6) 聚焦旋钮主要用来调整 CCD 测量系统物距；

(7) 一般情况下操作者可以不对刀尖清晰度微调旋钮进行操作，只通过聚焦旋钮调整物距即可。

图 6-5 为 CCD 分划板成像：图中从最小圆弧向外依次为 0.05、0.1、0.2、0.3、0.4、0.5、0.6、0.7、0.8、0.9、1、1.2、1.4、1.5、1.6、1.8、2、2.2、2.4、2.5、2.6、2.8、3.0 操作者可以根据工件磨圆弧大小进行选择。

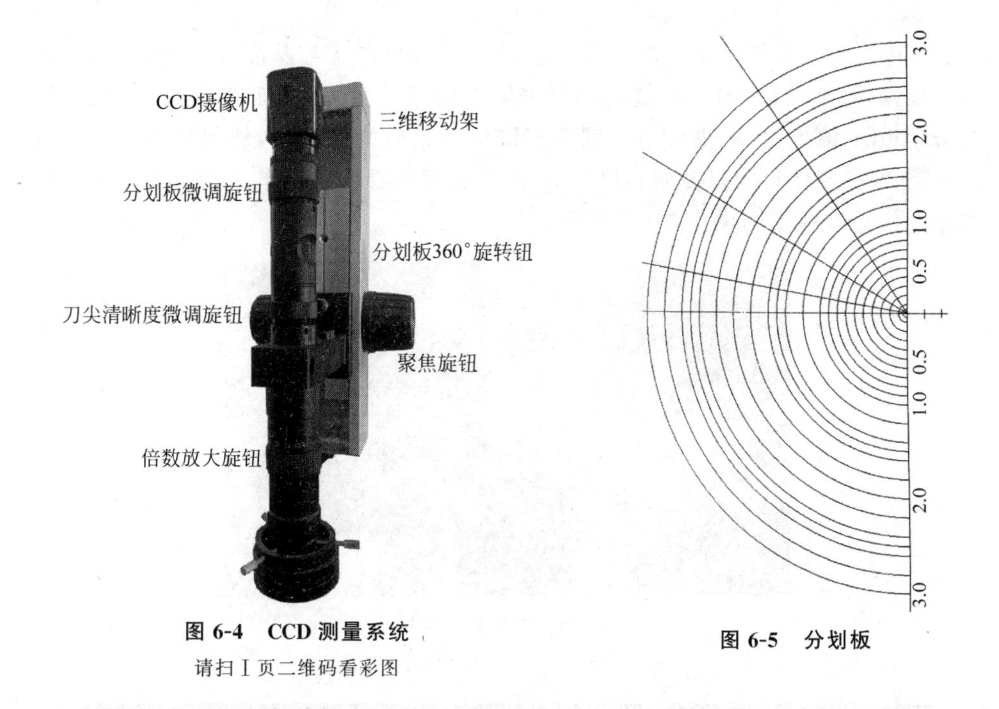

图 6-4 CCD 测量系统

请扫Ⅰ页二维码看彩图

图 6-5 分划板

CCD 在线测量系统物体实际放大倍数计算公式：

0.5(目镜)×0.5(物镜)×放大倍数×15(监视器尺寸)×3(CCD 摄像机感光面大小)

当将旋钮调到 4 时，根据公式计算 0.5×0.5×4×15×3＝45，即物体放大 45 倍时，通过测量与分划板成像是 1∶1 的关系，也就是说圆弧对准哪条刻线就可磨出相应 R 的圆弧。

如果磨削 $R6$ 的圆弧，在 1∶1 的状态看不到 $R6$ 这条刻线，此时需要旋转放大倍数旋钮，降低倍数到 2 或 1，将分划板和物体成像关系变为 2∶1 或 4∶1，即可把工件圆弧加工到 $R3$ 或 $R1.5$，分划板成像状态不变；若加工 $R4$ 的圆弧时，则可以把工件切换到 $R2$ 或 $R1$。

2. 对刀

对刀分为两个过程：一是对工件和分划板轴心位置，使二者重合；二是根据加工要求，调整工件在分划板的加工位置。

1) 对轴心位置

通过工作台手轮和三维移动架手轮同时调整轴心位置，工作台手轮控制工件运动，三维移动架手轮控制 CCD 测量系统移动，最终使二者轴心位置重合。

专用工具磨床的对轴心操作视频

一般情况下，以分划板 X 轴线(竖直线)为基准线，选择工件的一条侧边，转动旋转工作台，使所选的工件侧边与基准线平行，假定两边垂直距离为 A，调整工作台手轮，使侧边与基准线垂直距离为 $A/2$ 左右，再调整三维移动架侧面手轮，使侧边与基准线重合；转动旋转工作台至所选工件侧边（同上侧边）再次与基准线平行位置，重复以上操作，直至转动工作台，侧边与基准线平衡即重合为止；转动工作台，使侧边与分划板Y轴线（水平线）平行，调整三维移动架后侧的手轮，使侧边与分划板Y轴线重合，则工件和分划板轴心位置重合，完成对轴心位置操作，如图6-6所示。轴心重合位置监视器图像如图6-7所示。

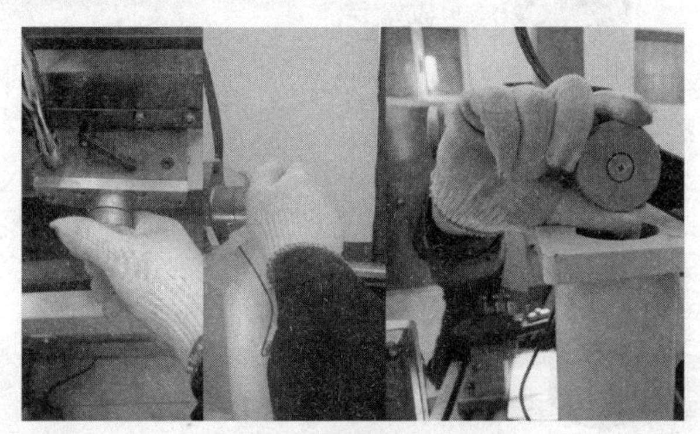

图6-6 调整轴心位置

请扫Ⅰ页二维码看彩图

图6-7 轴心重合图像

请扫Ⅰ页二维码看彩图

2）对工件位置

确定工件和分划板轴心位置后，则不能再调节三维移动架手轮，只能通过旋转工作台手轮对工件位置进行调整，工件和分划板轴心位置不变。

专用工具磨床对工件位置视频

观察监视器，同时双手控制两个手轮，调整工件相对分划板位置，如图6-8所示。如加工的圆弧半径R为1mm，则需要调整CCD测量系统倍数放大旋钮至“4”的位置，再选取四个工件位置来设定工件圆弧半径，如图6-9所示。调节工作台手轮，使工件两侧边无论在哪个位置，均与$R1$的刻度线相切，则完成圆弧半径设定操作。

6.2.5 专用工具磨床刀尖圆弧加工过程

本章以磨削硬质合金基底圆弧为例进行演示，磨削圆弧半径为1mm，硬质合金基底为35°菱形片状结构。

图 6-8　调整工件位置

请扫Ⅰ页二维码看彩图

图 6-9　设定工件圆弧半径图像

请扫Ⅰ页二维码看彩图

(1) 开启墙壁电源空气开关和空气压缩机开关,按动机床左侧绿色按钮启动设备。

(2) 装夹预磨削硬质合金基底(以下称“工件”),如图 6-10 所示。

图 6-10 装夹工件

请扫 I 页二维码看彩图

(3) 观察监视器，调节 CCD 测量系统三维移动架两侧的聚焦旋钮，对预磨削工件进行聚焦，调整 CCD 摄像机物距直至工件清晰成像。

(4) 观察监视器，对预磨削工件进行对刀，并调整工件相对分划板的位置，确定磨削圆弧半径。

(5) 顺时针转动 90°面板最右侧“急停”按钮，按钮弹出，调整磨头左右摇摆距离手轮、“砂轮调速”旋钮和“摆动频率”旋钮，使砂轮调速、摆动频率、摆动幅度等归零。

(6) 根据需要，通过机床操作面板“砂轮正转”按钮、“砂轮反转”按钮和“砂轮调速”旋钮设定砂轮旋转方向和砂轮转速。

(7) 按“水泵运行”按钮，水泵自动给磨头供水，按“快速进刀”按钮，气缸推动工作台带动工件至砂轮附近合适位置。

(8) 根据需求调整磨头定位手轮和磨头左右摇摆距离手轮和“摆动频率”旋钮，确定转动摆动中心位置、摆动频率和摆动幅度等磨削参数。要求工件两侧边分别与砂轮磨削面平行时，工件磨削刃前段必须在砂轮磨削面内侧，以免造成砂轮损坏，如图 6-11 所示。

图 6-11 确定砂轮摆动中心和幅度

请扫 I 页二维码看彩图

(9) 转动工作台,在工件两侧边分别与砂轮磨削面平行时,踩踏脚踏开关锁定工作台位置并调整限位,将工作台限制在加工需要范围内。左手转动工作台进给手轮,将工件微调至磨削位置。自定义加工零点位置,依次按动“clear+X”和“clear+Y/Z”对砂轮进刀量和工作台旋转角度归零。

(10) 再次踩踏脚踏开关解锁旋转工作台,左手控制工作台进给手轮,对工件的进给运动进行微调,右手控制工作台转动角度,对工件进行磨削加工(图6-12)。

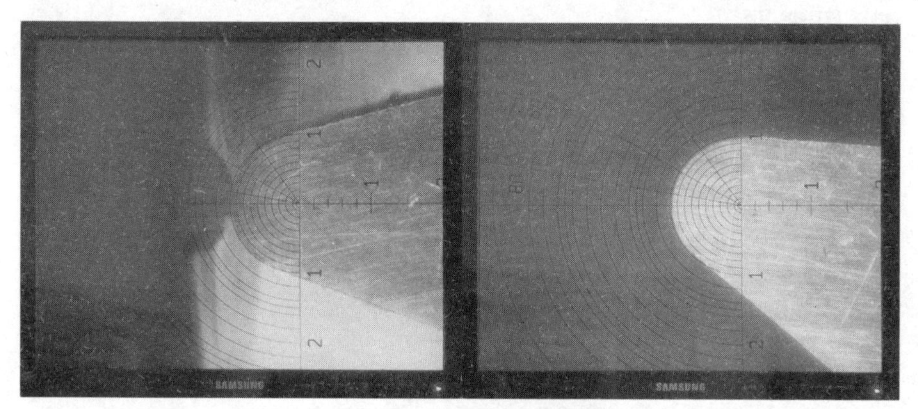

图6-12 工件圆弧磨削图像

请扫Ⅰ页二维码看彩图

(11) 待磨削完毕后,按动操作面板“快速退刀”按钮,气缸快速拉回工作台,返回初始位置。再按“砂轮停止”按钮和“水泵停止”按钮关闭砂轮和水泵,取下工件,加工结束(图6-13)。

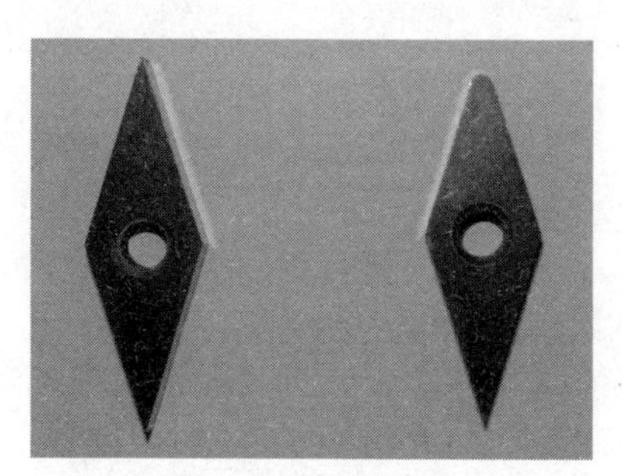

图6-13 磨削加工前后的工件

(12) 按下操作面板的“急停”按钮或按动机床左侧红色按钮关闭机床,关闭墙壁电源空气开关。

6.3 注意事项

(1) 机床运转之前,“砂轮调速”“摆动频率”“摆动幅度”旋钮旋至归零;

(2) 启动主轴前,必须关闭砂轮罩,只有在砂轮完全停止后,才能打开砂轮罩;

(3) 调整主轴摆动幅度时，工件磨削刃前段必须在砂轮磨削面内侧，以免造成砂轮损坏；

(4) 操作时，双手必须远离砂轮，且在砂轮工作范围内，禁止放置杂物；

(5) 禁止用湿手触及设备开关、按钮，以防触电；

(6) 磨削工件时，应防止切削液溅射到物镜镜片上影响在线测量。

6.4 思考题

(1) 超硬材料刀具圆弧磨削所使用的是什么砂轮？

(2) 如何确定专用工具磨床加工时砂轮的摆动幅度？

参 考 文 献

[1] 贾洪声,胡廷静,刘惠莲.通用技术之加工技术[M].长春：吉林大学出版社,2017.

[2] 贾洪声,鄂元龙,张勇,等.机械加工实训基础[M].北京：科学出版社,2022.

[3] 辛志杰.超硬刀具,磨具与模具加工应用实例[M].北京：化学工业出版社,2012.

[4] 方啸虎,邓福铭,郑日升. 现代超硬材料与制品(上册)[M]. 杭州：浙江大学出版社,2011.

[5] 方啸虎,邓福铭,郑日升. 现代超硬材料与制品(下册)[M]. 杭州：浙江大学出版社,2011.

[6] 韦相贵,黎泉,张科研,等. 工程训练[M]. 北京：清华大学出版社,2017.

[7] 技能士の友编集部.磨床操作[M].符策,铁维麟,译.北京：机械工业出版社,2020.

[8] 陈艳. 砂轮特性与磨削加工[M]. 郑州：郑州大学出版社,2017.

[9] 刘志东. 特种加工[M]. 北京：北京大学出版社,2017.

[10] 曹凤国. 电火花加工[M]. 北京：化学工业出版社,2014.